淡定

精装版

中国上乘智慧

吕源 著

时事出版社
北京

图书在版编目（CIP）数据

淡定 / 吕源著 .—北京：时事出版社，2018.9（2021.2 重印）
（中国上乘智慧：精装版）
ISBN 978-7-5195-0209-6

Ⅰ. ①淡… Ⅱ. ①吕… Ⅲ. ①人生哲学 – 通俗读物
Ⅳ. ① B821-49

中国版本图书馆 CIP 数据核字（2018）第 164493 号

出版发行：时事出版社
地　　址：北京市海淀区万寿寺甲 2 号
邮　　编：100081
发行热线：（010）88547590　　88547591
读者服务部：（010）88547595
传　　真：（010）88547592
电子邮箱：shishichubanshe@sina.com
网　　址：www.shishishe.com
印　　刷：三河市华润印刷有限公司

开本：880×1230　1/32　印张：10　字数：210 千字
2018 年 9 月第 1 版　2021 年 2 月第 5 次印刷
定价：48.00 元
（如有印装质量问题，请与本社发行部联系调换）

前言

人生就是一次长途旅行，我们会翻越耸入云霄的高山，渡过波涛汹涌的大海，穿过松涛阵阵的森林……在这漫长的旅途中，我们会遇到无数的狂风暴雨，会遇到无数的烈日烤灼，会无数次地站在岔路口迷失方向，这使我们困惑、迷茫、痛苦、纠结。人生这场旅程考察的不仅是我们到达目的地的速度和效率，更是考察我们对旅途中风景的掌握程度。

当在这场旅途中遭遇风暴时，请停下来，静下心，感受一下身边的风景。雨打芭蕉的叮咚作响，池塘水涨的诗意，蛙声一片的吵嚷，甚至被风吹落的残花，这一切不正是旅途中最美的风景吗？

修心，就是修炼淡定以慎行、淡然以净心、淡泊以明志的心智。只要带着一颗淡定之心，你就会发现风雨之后自然有彩虹；只要带着一颗淡然之心，你就会发现雨后阳光别样灿烂；只要带着一颗淡泊之心，你就会发现人生到处都有美丽的风景。

淡定以慎行就是修炼我们在喧闹的世界中淡定地面对抉择、

处置冲动、缓和紧张、看待绝境……无论何时，都要做到淡定看待生活，看待人生之心，真正做到淡定以慎行。

淡然以净心就是修炼我们在浮躁的世界中，淡然地面对委屈、挫折、焦虑、痛苦和坎坷，修炼我们对人生、对生活乐观积极、淡然娴静的态度，学会寻找生活中的点滴快乐和幸福之意，通过淡然达到心灵的明亮清净。

淡泊以明志就是修炼我们在浮华的世界中，淡泊地面对名利、波折、成败、得失和寂寞，修炼我们将人生的浮华视作过眼云烟，将一时的绚烂视为昙花初现之境，当繁华落尽，就会发现绚烂重归平静，平淡才是生活的真谛。

岁月荏苒，秋去春来；芳华如梦，纷纷扬扬。面对世事沉浮，要拥有“春有百花秋望月，夏有凉风冬听雪”的情怀。遇宠不骄，处变不惊，守住属于心中的那份“淡”，以求达到“竹杖芒鞋轻胜马，谁怕？一蓑烟雨任平生”的人生境界。

淡定以慎行、淡然以净心、淡泊以明志，这就是中国上层的修心智慧。在人生的这场旅途中，就让我们修炼好这种心态，带着智慧笑看旅途的风雨，找寻旅途的风景，为自己的心灵觅得一片繁华落尽的世外桃源吧！

在此，笔者特别说明一下，本书是《淡定：中国上乘修心智慧》（时事出版社 2014 年 1 月出版）的精装版，因原书广受欢迎，不少读者建议提高图书的制作档次，因此特重新审校后精装出版，以满足不同读者的阅读、收藏需求。

目录
contents

上篇
几多风雨路，淡定以慎行

第一章　心中已是空且乱，人生知否柳明暗
——以淡定之心思考选择

第二章　真趣淡然居物外，忘机多是隐天台
——以淡定之心直面喧嚣

第七章　万里江山犹在，风雨几度春秋
——以淡然之态迎接苦痛

第八章　金风玉露相逢，胜却人间无数
——以淡然之态拥抱爱情

第九章　落魄无枝可栖，春风自化冰石
——以淡然之态跨越挫折

下篇
宁静以致远，淡泊以明志

第十章　半生浮名漫，一生虚妄恍
——以淡泊之怀面对名利

第十一章　今宵银缸照，相逢是梦中
——以淡泊之怀看待波折

第十二章　青山依旧在，几度夕阳红
——以淡泊之怀历经成败

第十三章　一任风吹过，闲似白云飘
——以淡泊之怀看淡得失

第十四章　孤舟蓑笠翁，独钓寒江雪
——以淡泊之怀耐守寂寞

上篇

几多风雨路，淡定以慎行

人生就是一场旅行，我们风雨兼程，希望早日到达心中的目的地。

我们也会在抉择时感到迷茫，在喧嚣时感到浮躁，

在冲动时感到愤怒，在紧张时感到纠结，在绝望时感到灰心……

其实，在人生的风雨旅程中，我们需要的是淡定以慎行。

第一章
心中已是空且乱，人生知否柳明暗
——以淡定之心思考选择

当心灵的旅行遇到了抉择的十字路口，我们开始迷茫、彷徨，不知该去向何方。抉择，永远困难。面对这个困难，我们需要静下心来，以从容淡定之心来思考，因为我们在乎的不只是目的地，还有沿途的风景。

活出真我风采

有一位哲人说："对于这个世界来说你是全新的，以前从没有过，从天地诞生那一刻一直到现在都没有一个人跟你完全一样，以后也不会有，永远不可能再出现一个跟你完完全全一样的人。"

遗憾的是，我们周围的很多人却不懂得这个道理，认识不到自己独一无二的地位，不知道自己内心到底要追求什么，只好亦步亦趋地效仿他人，就连言谈举止、说话腔调都要模仿。

结果呢？自我的价值被否定了，成了一个盗版的别人，内心一直处于迷惘之中，这正是很多现代人心累和失败的根源。难怪教育学家安古罗·派屈说："世上最痛苦的事，莫过于想做其他人，或者除自己以外其他的东西了。”

艾丽莎身材高挑，脸上带着可爱的婴儿肥，给人的感觉既美丽又亲切。因为出色的容貌和身材，她被一个好莱坞的资深经纪人相中。经纪人推荐她去参加一个大型的选美比赛，优厚的奖金使艾丽莎动了心，她便跟着经纪人来到了好莱坞。

这场比赛十分精彩，选手们来自美国各地，她们各有各的风采，而且都非常漂亮。在激烈的竞争下，艾丽莎通过了一轮又一轮的淘汰赛，和其他 4 名选手一起杀入决赛，竞争冠军的位置。为了让这些决赛选手能够休息一下，调整自己的状态，大赛组织者给了选手们半个月的准备时间。

接下来，艾丽莎开始积极地准备决赛，她分析了几个决赛选手，并将一个叫曼达斯的选手当作的潜在对手。曼达斯身材消瘦，颇具骨感美，显得冷艳而神秘，她每次都能获得评委的好评。面对这样优秀的对手，艾丽莎有点自卑了，慌乱了，她意识到自己那张肉乎乎的脸绝对没有一丝高贵和神秘可言，她决定改变自己，在决赛之前让自己瘦下来，能够和曼达斯一样美。

于是，艾丽莎开始了疯狂的减肥，每天只吃一点低热量的蔬菜和水果，完全没有主食，在短短的几天内瘦了 10 斤。到决赛的那一天，带她参赛的经纪人看到她的样子时立刻惊叫起来：“你怎么变成这个样子了？”原来，经过短期减肥，艾丽莎严重营养不足，脸上的双颊瘦得凹陷下去，神色显得非常疲倦，肌肉和皮肤也变得松弛。

“本来你很有可能赢得冠军，但现在的样子看来几乎是没有希望了。那些佳丽们大都身材消瘦，颇具骨感美，可爱的婴儿肥正是你与众不同的风格，使你能够凸显出来。遗憾的是你没有看到自己的这一优点，反而去效仿他人，所以你注定失败。”经纪人用无法掩饰的懊悔口吻说。结果不出这位经纪人所料，艾丽莎在决赛中败下阵来。

看到身材消瘦、颇具骨感美的曼达斯很受评委的好评，艾丽莎有点自卑了，心慌乱了，于是决定将自己改变成曼达斯那样显得冷艳而神秘。殊不知，自己可爱的婴儿肥正是与众不同的风格，结果反而失去了自己的独特魅力。

即使你是一个天赋非凡的人，如果你忽视或故意掩饰自己的独特个性，盲目去效仿别人，最终只能沦为追随他人的牺牲品。做盗版的别人，还是正版的自己？当你为自己的人生做抉择的时候，一定要静下心来好好思考这个问题。

静下心来，你会知道自己内心最想做的是自己。毕竟，每一个生命都以独特的姿态存在着，你不可能成为别人，更没有必要成为别人，也不可能被任何人所代替，保持本色才是最大的成就，永远不要忘记这一点。

下面，让我们来看看索菲娅·罗兰的故事。

索菲娅·罗兰是意大利的著名影星，自 1950 年从影以来，已拍过 60 多部影片，她的演技炉火纯青，曾获得 1961 年度奥斯卡最佳女演员奖。然而，当她抱着演员的梦想刚到罗马时，很多人都给出了否定的意见，原因就是她的个子太高、臀部太宽、鼻子太长、嘴太大、下巴太小。

制片商卡洛对索菲娅说：“如果你真想干这一行，就得把鼻子和臀部‘动一动’，如此你就像意大利式的演员了。”尽管索菲娅·罗兰很想从事这一行，但她断然拒绝了卡洛的要求。她说：“我为什么非要长得和别人一样？鼻子和臀部都是我身体的一部分，我想要它们一直保持现在的样子。”

索菲娅·罗兰没有放弃自己的理想，她决心不依靠美貌，而是依靠内在的气质和精湛的演技来获胜。最终，她成功了！那些关于“鼻子”“嘴巴”“臀部”等的非议也消失了，这些特征反倒成了美女的新标准。在20世纪将要结束的时候，索菲娅·罗兰还被评为20世纪“最美丽的女性”之一。

后来，索菲娅·罗兰在其自传《生活和爱情》中写道：“自开始从影以来，我就出于自然的本能，知道什么样的化妆、发型、衣服和保健最适合我。我谁也不模仿，我从不去奴隶似地跟着时尚走。”

索菲娅·罗兰始终知道自己是谁，充分认识到自己独一无二的地位，勇敢地面对、认同，甚至是欣赏自己的不同，最终形成了自己独特的风格，甚至后人都以她的美为标准。

人生其实就像一个舞台，也许你天生一副笨嘴笨舌的样子，那是你的本色，何必忧心忡忡？大树有大树的风采，小草也有小草的可爱。山鸡披上孔雀的羽毛，不是凤凰；小鸭学着天鹅的嗓子鸣唱，也永远成不了歌王。

当你有模仿别人的想法时，也许你暂时还不知道自己内心到底在追求什么，没有找到适合自己的角色。那么，现在就请你静下心来问问自己：是想做盗版的别人，还是做正版的自己？相信你心中已经有了答案。那么就从现在开始，不要浪费一分一秒为自己不是别人而苦恼，保持自我本色和自我风格吧。

最后，我们不妨想想卡耐基大师告诫我们的幸福道理："发现你自己，你就是你。记住，地球上没有和你一样的人……在这个世界上，你是一种独特的存在。你只能以自己的方式歌唱，只能以自己的方式绘画……"

跳自己的舞步，演绎真实的华彩

美国著名心理学家马斯洛认为，每个人都有归属和自尊的需要。表现在每一个体身上，就是每个人都希望能得到别人的认可，希望别人能给自己肯定和积极的论述。这就不难理解，有些人为何希望活在别人的掌声中。

活在别人的掌声里固然是一件值得肯定的事情，但每个人的主观感受不同，即使我们千般小心、万般在意，照样会有人不满意，难以赢得所有人的欣赏。如果为此费尽心机，小心翼翼地行事，很容易搅乱自己的心，失去应有的目标和方向。

有这样一个人，他一心一意想升官发财，可是从风华正茂熬到斑斑白发，却还只是一个不起眼的小小公务员。这个人整天都郁郁寡欢，每次想起自己的一生就掉泪，有一天竟然号啕大哭起来。

这时，一位新同事刚来办公室工作，觉得很奇怪，便问他到底为何如此难过。他回答道："唉，你有所不知。年轻的时候，我的上司爱好文学，我便学着作诗、写文章，想不到刚觉得有点儿小成绩了，却又换了一位爱好科学的上司。我赶紧开始研究物理，不料上司嫌我学历太浅，还是不重用我。后来，换了现在这位上司，我自认文武兼备，人也老成了，谁知上司喜欢青年才俊，我……"

"我一直想得到上司的欣赏和重用，为上司们活了一辈子，但是……"说着，这个人又禁不住地哭泣起来，"如今我年龄渐高，过不了几年就要退休了，但是却一事无成，你说我怎么不难过？"

可见，为了得到别人的掌声而处心积虑地为别人活，如此没有自我的生活是索然无味、苦不堪言的。即便故事中的这个人最后获得了上司的重用，他的心也是不得轻松、没有快乐感的，因为他根本不清楚自己内心的真正追求。

这如同我们疯狂地移动舞步，一刻不停，在众人的喝彩声中终于以一个优美的姿势为人生画上了句号，但是内心不确定这样做的意义。这一路的风光和掌声，最后带来的只会是说不出的空虚、迷茫、疲惫和厌倦。

人生就像一场戏，你应在乎的不是观众，而是你自己所扮演的角色。

既然如此，在做人生抉择的时候，我们很有必要让自己静下心来，确定一下自己内心里到底想追求什么：是为了获得别人的掌声，背着沉重的包袱踏上人生之路？还是活出自己真实的样子，享受自由自在的快感？

身体是自己的，生命是自己的，灵魂是自己的，人生也是自己的，既然都是自己的，我们完全没有必要获得别人的认可、赞同与肯定，更没有必要活在别人的眼光里。

一天，一位妇人到服装专卖店，花了几百元买了一套名牌内衣。有人问她，买这么高档的内衣穿在里面，别人又看不到，岂不可惜？她淡淡地回答：“我穿衣服是为了自己舒服、自己高兴，又不是给别人看的。”

“我穿衣服是为了自己舒服、自己高兴，又不是给别人看的。”只要自己穿着舒服、舒心，完全没有必要获得别人的认可、赞同与肯定。内心淡然而定、坦然自若，这种自我肯定是相当重要的。

别人的目光纵有千千万，也比不上对自我心灵的诚实。不必太在乎别人的掌声，自己决定自己的生活，如此才不致在迷失自我的泥沼中挣扎，才能演绎出自己的真实，才是泰然自若中的华彩。

别人怎么看你那是别人的事，有时你明明已经很努力了，可别人还是觉得不好，你不能一辈子为别人而活吧？尽管有些人对你来说确实很重要，但有时你越想好好表现，结果可能会越糟糕，岂不是更加费力不讨好？

记住，你才是自己的主人，你对自己的人生有决定权。不必在乎别人的眼光，不必苛求别人的赞赏，敢于唱出心灵深处最真诚的呼唤，笃定地、踏踏实实走好每一步，才能爽爽朗朗地收获属于自己的幸福。

和者寡，是因为曲高

生活在当今比较浮躁的社会里，尤其是即将踏入成功的大门时，那一步如何才能迈下去，总是使我们难以抉择、备受困扰。这时候，许多人往往习惯向别人求救，希望别人能够给自己提供一些参考意见。

作抉择时，听取别人的意见是有必要的，但是如果我们不能静下心去独自思考，不能明辨是非，就会给人留下平庸无能、随波逐流，甚至是阿谀奉承的坏印象，也会因迷失真正的自我而困顿。

一个农夫与儿子共同赶着一头驴到附近的市场去做买卖。没走多远，父子俩就看见几个路人对他们指指点点。其中一个人大声喊道：“你们见过像他们这样的傻瓜吗？有驴子不骑，宁愿自己走路。”听到这话，农夫心想也是，便立刻让儿子骑上了驴，自己则在后面跟着走。

走了一会儿，他们又遇见一群老人，只听他们哀叹道：“你们看见了吗？现在的老人可真是可怜。看那个孩子自己只顾骑着驴，却让年老的父亲在地上走路。”农夫听到这话，就连忙让儿子下来，自己又骑上去。

走了一半的路程时，父子俩又遇上一群孩子，几个孩子七嘴八舌地叫着：“嘿，你们瞧那个狠心的爹，他怎么能自己骑着驴，让自己的孩子跟着在后面走呢？”农夫听罢，又立刻叫儿子上来，与他一同骑在驴背上。

快到市场时，又听到有人说：“哟，这驴多惨啊，竟然驮着两个人，真怀疑这是不是他们自己的驴。”另一个人插嘴说：“哦，谁能想到他们这么骑驴啊，瞧驴都累得气喘吁吁了，这样的驴哪有人肯买啊。”

听罢这话，农夫对儿子说：“怎么骑驴都是错，依我看，不如咱们两个抬着驴子走。”于是，他和儿子急忙从驴上跳下来，用绳子捆上驴的腿，找了一根棍子将这头驴抬起来，卖力地向前赶路。

当父子俩使出了浑身的劲儿将这头驴抬到闹市入口的小桥上时，又引起了桥头上一群人的哄笑。当时驴子受了惊吓，挣脱了捆绑，撒腿就跑，不想却失足落入河中，淹死了。农夫最终空手而归，既懊恼又羞愧。

如此把这样的故事讲出来，似乎十分可笑。然而，这种任由

别人支配自己行为的事情并非只在故事里出现。在生活中，要处理一件事情，张三说应该这么做，李四说应该那么做，隔壁的王大妈、看门的李大爷也都出来搅和，这时候如果你不能静下心来仔细思考，很容易会思想混乱、六神无主，否定自己本来已经成熟的想法，改变自己的行为，如此离成功只会越来越远。

因此，面对关乎个人发展的抉择时，我们最需要的是静下心来，应该问问自己：“我是怎么想的”“我这样做对吗”？真正坚定和关注自己内心的想法，不盲目地听从别人的意见，不能像“墙头草”一般地摇来摆去。

纵观那些有所成就的人，不论是做人还是做事，他们在做各种抉择的时候，都会静下心来独立思考，并坚持自己的立场与观点而不被别人的意见左右。比如，活跃在交响乐舞台上、善于指挥交响乐的世界著名音乐指挥家小泽征尔就是这样一个人。

一次，小泽征尔去欧洲参加一次世界级的指挥家大赛，决赛中，他被安排最后一个参赛，评判委员会交给他一张指挥乐队演奏的乐谱。当他拿到评委交给他的乐谱之后，稍做准备就全神贯注地指挥起来。

突然，小泽征尔发现乐曲中出现了一点不和谐，他以为是乐队演奏错了，就停下来重新指挥演奏，但还是不行，“是不是乐谱错了？”小泽征尔问评委们。在场的评委们都郑重声明乐谱没问题，而是小泽征尔的错觉。小泽征尔又仔细看了看乐谱，坚信自己的判断是正确的。听从评委们的意见，按照错误的乐谱演奏下去吗？小泽征尔考虑再三，却大吼一声："不！一定是乐谱错了！"

话音刚落，评委们立即报以热烈的掌声。原来，这是评委们精心设计的"圈套"。前面的选手们虽然也发现了乐谱的错误，但在遭到评委们的否定后就不再坚持自己的意见，只有小泽征尔坚持自己的主见，最终摘取了这次比赛的桂冠。

不因他人的评议而对自己心生怀疑、不因他人的评议而改变真实的自我，这是一种坚持主见的个性。"不！一定是乐谱错了！"小泽征尔的主见令人震撼，又怎能不像磁铁一般紧紧地吸引着别人的目光和心灵呢？

卓越者总是曲高和寡，平庸者往往附和大众。坚持主见的过程，就像凤凰必须在烈焰中诞生一样，要经万残酷的身心考验。做人有主见难，能够坚持主见更是难上加难，这就更需要我们在开始时静下心来，确定内心真正追求的东西。

生活在这个纷繁复杂的红尘世界，人随时随地都会面临选择。如果想要做到不人云亦云、不随波逐流，不跟在别人的屁股后面走，你就必须静下心来，认真地想想自己内心的追求，学会自己做决定、自己对自己负责。

有主见的人忠于自己、相信自己，不会随波逐流、人云亦云，他们会为自己的心灵做主，做自己心灵的主人。你想为自己的心灵做主吗？把自己培养成一个有主见、并且敢于坚持主见的人吧。

有主见，才能为自己的心灵做主，不会让别人成为自己生活的主宰，而是把命运掌握在自己手里。身在纷繁复杂的红尘世界，你必须静下心来，不因别人的评议而对自己心生怀疑，更不能改变真实的自我。

坚持梦想，就更靠近阳光

记得有一首歌是这样唱的：“越长大越孤单，越长大越不安，也不得不看梦想的翅膀被折断……”你的心中有梦想吗？把你的梦想罗列出来。你曾为自己的梦想而努力打拼过吗？你的梦想破灭过吗？

梦想是一个人内心里对自己、对人生的一种希望。人的心底藏着各种梦想，只是有的人敢于抛开一切去实现自己的梦想，而有的人心里面却有着更多的牵绊，使梦想慢慢地后退，一直退到心的最底层的角落。

的确如此，现实生活中，有人会说现实些，安安稳稳过日子才是真，不必去追求那些梦想；有人会无奈地摇摇头说梦想终究只是一场办不到的空望；有人甚至干脆嘲笑说梦想不过是小孩子的狂妄。

如果你也这样想的话，那么你的生活将像一潭死水，无聊枯燥，只是看不到希望地循环往复。这绝对不是危言耸听。梦想是什么？梦想是一个人内心里对人生、对自己的一种希望，因为梦想的存在，人会奋发向上、积极追求。

是坚持梦想，还是放弃梦想，这是一个重要的人生抉择。新东方董事长俞敏洪就曾说过这样一段经典的话：“每一条河流都有自己不同的生命曲线，但是每一条河流都有自己的梦想，那就是在转弯处奔向大海。我们的生命有的时候是泥沙，你可能慢慢地就会像泥沙一样沉淀下去了，一旦你沉淀下去了，也许你不用再为了前进而努力了，但是你却永远也见不到阳光了。”

因此，在梦想面前，你必须静下心来想一想：是要把梦想当成对自己一生的“承诺”，严肃而认真地去面对它、实践它，还是忽略或丢弃梦想，追求每天的安稳生活，甘于现状、麻木不仁，让生活缺乏别的色彩？

每个人都应该有自己的想法和追求，同时也有追求梦想的权利，有目的的生活才是快乐的；如果没有梦想、没有追求，再好的生活有什么意义呢？这就好比一颗失去光芒的钻石。你认为如何呢？

有梦想就去追求。打个形象的比喻：人生就是一场赌局，梦想就是赌注。如果你没有梦想，你就永远是一个看客，永远没有赢得这场赌局的机会。把梦想押上去，也许你会输，但是不努力怎么知道自己不行？即使最后输了又怎么样呢，放弃了也是失败啊，而且是彻彻底底的失败。

一个真正善待自己的人，永远都确定自己心中真正想要的东西是什么。善待自己的梦想、追求自己的梦想，并用梦想陶冶自己的情操，将灰色的现实加上粉色的底片。无疑，这种人是懂得生活乐趣的，也更能赢得众人的欣赏。

下面，我们来分享一个故事。

美国服装业巨子雷夫·罗伦，他所创立的Polo服饰王国创下了快速致富的典范。罗伦从小就喜欢做梦，但是他从不做白日梦，他像一个爱美的女孩一样希望能穿上显得自己漂亮的衣服。

当别的孩子肆意玩耍时，罗伦会将更多的心思放到服装上。他细心研究父母、自己的衣服，衣服的质地、细纹、设计等，渐渐地，他拥有辨认皮夹克好坏、真伪的本领了。上中学时，罗伦用辛辛苦苦积攒的钱为自己买衣服，不断地加深自己对服装的了解。

进入服装界的梦想一直在罗伦脑海中盘旋，尽管他缺乏专业素养，但凭借自己高超的鉴赏能力，毕业后获得一家领带制造公司的重用，得到了展示自己设计才华的机会，并获得了同行的赞誉。

后来，在朋友的提议下，罗伦和朋友合资建立了Polo时装公司。罗伦有了发挥才华的空间，他的设计很快就赢得了当时年轻人市场的肯定，进而掀起一股流行狂潮，Polo也从此成为男装革命的急先锋。

没有地位、没有专业背景的雷夫·罗伦是凭借幸运才获得发展事业的机会，成为最具影响力的设计师的吗？答案是否定的。是梦想给了雷夫·罗伦坚定的信念，带领他飞跃平淡和困苦，到达成功的彼岸。

人类所具有的种种力量中，最神奇的莫过于梦想的力量。我们的生活会因为梦想而改变，我们日后能够取得多大的成就也与梦想息息相关。当我们做出决定的那一刻，命运也就注定了。功成名就者与碌碌无为者的主要区别正在于此。

因此，当你因为生活的烦琐、处境的艰辛，需要做出坚持还是放弃梦想的抉择时，请静下心来想一想，明白这样一个道理：人生是一场以梦想做赌注的赌局，一个人只有怀有自己的梦想，并且乐意去做，命运才能得到转机，否则做不出什么大事。

坚持自己的梦想吧！也许，你的梦想听起来并不够伟大和崇高，但只要你坚定信心，那么你就会变成积极的、充满自信和斗志的人，你将获得持久的成长动力，成为自己精神世界的绝对主角。

值得一提的是，梦想不是喊口号，从梦想开始的那一刻开始，就要付诸实实在在的行动。做一个坚持梦想的人，把梦想当成对自己一生的“承诺”，严肃而认真地去面对它、实践它吧。

我们的生活因为梦想而改变，我们日后能够取得多大的成就也与梦想息息相关。静下心来想一想，你的梦想是什么，并用智慧和信念弥补现实与梦想的差距吧。

水滴石穿，专注方能成功

一个人的精力有限、时间有限，在有生之年能找准自己要做的事情已经不容易，更不容易的是能抗拒潮流的冲击、摆脱外物的诱惑，专心地将自己的事情做下去，哪怕一生只做好一件事。

有一幅令人深思的漫画：一个人在凿井，凿一处，还很浅，没有见水就换一处；又凿了，很浅，还没有见水，就再换一处……他一连凿了好几处，都没有见水。另一个人在一处凿井，一直凿下去，终于见到了水。

做事不够专心，东一榔头，西一棒子，再松软的土地也凿不到水源，不如赶紧沉下心来，坚持不懈地凿一口井。这正如罗曼·罗兰所言："与其花许多时间和精力去凿许多浅井，不如花同样的时间和精力去凿一口深井。"

接下来，我们不妨来看一个故事。

亚马孙河边的清水吸引来了大量的斑马，它们尽情地享受着大自然的恩赐，却不知道这里潜伏着巨大的生命危机。一只饥饿的雄狮正在不远处的草丛中缓慢地向这里靠近。突然，雄狮像箭一样急冲出去，凶狠地向一只未成年的小斑马扑去。

斑马群受到了惊扰，四散开来，慌不择路地逃跑，有的甚至就在雄狮的身侧，但是雄狮的眼睛始终没有离开自己锁定的猎物，对那些和它靠得很近的斑马却像没看见一样，一次次放过。终于，那只斑马由于疲于奔命、体力不支，最后被凶悍的雄狮扑倒了。

雄狮为什么不放弃先前那只斑马，而改去追离它更近的斑马呢？因为雄狮和追逐的斑马都已经跑得精疲力竭了，而其他的斑马并没有跑累。如果雄狮在追赶途中改变目标，追赶精力充沛的斑马，转瞬之间就会被甩到身后。目标专一是雄狮在残酷的动物世界中的生存之道，也是它们在捕猎中屡屡得手的法宝。

就像雄狮追赶猎物的过程一样，在生活中，我们也会经常遇见一些让人心动的诱惑，这时候，我们需要让沸腾的心沉静下来，好好想一想自己内心到底要追求什么，自己真正想要的是什么，而专心于某一个方面。

在滚滚红尘中，急于成功、不甘寂寞的人太多了，不少人左顾右盼，看见别人做什么有前途，或者遇到点什么诱惑，就立马丢下自己手中的事，这样三心二意、朝三暮四，最终只会一事无成。

成功不是什么复杂的事情，最重要的就是你要能够收住心，专心于一件事情。不少人都知道“水滴石穿”的故事，水本来是世间至柔之物，但是当水专注的时候，一滴一滴地打在石头上，再坚硬的石头也会被砸出坑洞来。

有一位在国内有一定影响力的花鸟画家，他 16 岁时就举办了个人画展，其多幅作品被选送至日本、意大利、美国、法国等国展出，被誉为“画童”“小天才”。

一次画展招待会上，有人问画家：“现在的画家很多，你是如何从众人中脱颖而出的呢？其间的过程是不是很不容易？”

画家微笑着摇摇头，回答：“一点儿都不难，而且我差一点儿当不了画家。小时候我兴趣非常广泛，也很要强，画画、游泳、拉手风琴、打篮球，必须都得争第一才行。这当然是不可能的，有段时间我心灰意冷，觉得前途渺茫。”

众人都很好奇，画家解释道：“老师知道后，找来一个漏斗和一捧玉米种子，让我把双手放在漏斗下面接着，然后捡起一粒种子投到漏斗里面，种子便顺着漏斗滑到了我的手里。老师投了十几次，我的手中也就有了十几粒种子。然后，老师一次抓起满满的一把玉米种子放在漏斗里面，玉米种子相互挤着，竟一粒也没有掉下来。”

画家顿了顿，接着说道：“经老师提点后，我放弃了游泳、篮球等，这大半辈子就只坚持学习画画，这也许就是我画画比较好的原因吧。我想，如果我当初什么都学习的话，可能现在我什么都不是。”

在选择自己的前途道路时，画家既学习画画，又学游泳、拉手风琴等，结果觉得前途渺茫，不知道自己要走的路。后来在老师的指点下，他开始专心于画画这一件事，并将之作为终生的奋

斗目标，最终在美术界出类拔萃。

在一些武侠电影中，我们总能看到这样的一种现象：能够在武林中执牛耳的往往是有一门绝技的人，他们能够在瞬间凭着自己的一招一式将自己置于强者的地位，而那些二流及三流的武林教派，虽然各门各派的武功都知道一点，但是始终都无所成就。

有的人一辈子做了很多事，却没有一件能让人记住；但有的人一辈子只做了一件事儿，就让人记住了。这就是说，在做人生选择的时候，静下心来选择，专注地做好某件事情，远远比什么都想要、见异思迁或是四面出击要聪明很多。

从现在开始，让沸腾的心沉静下来，找一个能充分发挥能力的平台，专心做好自己手头的工作，不让其他事情扰乱心神。只要我们能够保持这种状态，就能创造出令人惊叹的成就，获得成功的人生。

成功不是什么复杂的事情，最重要的是让沸腾的心沉静下来，专心于自己内心的追求。

觅得坦然中的平静

人的一生中会面临数不胜数的选择，左右为难的情形时常会出现。是左是右、是取是舍，经常会把人推入矛盾、纠结，乃至无助、绝望的边缘，人们会难以抉择，心生苦恼。

但是，当我们静下心来，冷静而准确地认识自己、认识环境，能够理性、客观地规划自己的理想与生活的时候，未来的视野将会展现出另外一种截然不同、豁然开朗的景致，抉择就不再那么复杂了。

德山禅师在尚未得道之时曾跟着龙潭大师学习，日复一日地诵经苦读让德山有些忍耐不住。一天，他对师父说："说实话，我真诚地想跟着师父您学习，但是这样的生活让我觉得无趣极了，我不知道自己是否该继续下去。"

"鹰是世间寿命最长的鸟类，当鹰活到40岁时，身体各方面开始老化，爪子不能有力地抓住猎物，喙变得又长又弯，羽毛长得又浓又厚，连飞翔都显得有些吃力。这时，它有两种选择：在悬崖上筑巢，安然地停留在那里等死，或者开始一次痛苦的重生。"龙潭大师笑着说，德山听后满脸迷惑。

"你知道吗？"龙潭大师继续说道，"那是一场150天的漫长磨炼。鹰首先用它的喙击打岩石，直到喙完全脱落，然后静静地等待新的喙长出来。它会用新长出的喙把指甲一根一根地拔出来。当新的指甲长出来后，就再把羽毛一根一根地拔掉。五个月以后，新的羽毛长出来了，鹰经历了一次新生。"龙潭大师顿了顿，意味深长地问道："静下心来想一想，如果你是一只老鹰，你是选择等待生命的枯萎，还是选择生命的重生？"

尽管蜕变的过程非常残酷，老鹰还是选择放弃安逸的等待，得到了凤凰涅槃般的再生。终于，德山明白了自己想做一代大师必须忍耐诵经苦读的寂寞、平淡，后来他果然青出于蓝，获得了显著成就。

尽管抉择是一个痛苦选择的过程，但“鱼与熊掌不可兼得”。明确自己内心追求的东西，知道孰是孰非、孰轻孰重，为了得到熊掌而拿出鱼，有舍才会有得，这是保持生命得以延续的智慧，也是我们获得内心平衡的好方法。

试想：想获得清闲而辞职在家，但是又会害怕因无所事事而失落；为了得到高薪，想寻觅到一份好工作，但是又担心责任太重、压力太大……如果总是这样患得患失，又怎能让自己的内心获得平静、收获快乐呢？

明白自己应该坚持什么，又该放弃什么，这是一种顾全大局的果敢和胆识。因此，当我们面临“老鹰再生”式的抉择时，要静下心来想一想：自己内心到底在追求什么。

大学毕业后，成绩优秀的杜嘉得到了学校出国进修的机会，同时一家全国500强的大公司也向他抛出了“橄榄枝”，承诺提供给他一份专业对口、待遇优厚的工作。留学与工作都是好事情，但杜嘉开始惆怅起来，不知道该如何选择了。

出国进修的机会太难得了，但是各方面的投入太大了，自己的家庭条件并不是很好，经济负担会很大，而且出国回来后可能找不到这么令自己满意的工作，变为“海待”。目前这份工作可以让自己获得很好的发展，而且还能让父母过上衣食无忧的好生活。

不过，杜嘉是一个聪明的人，他一次次地问自己到底想要什么。留学是他一直梦寐以求的理想，也是大部分人人生成长最快的一段经历，不能用金钱回报来衡量。于是，他毅然放弃了待遇优厚的工作。

在留学的三年时间里，杜嘉在当地圈子里结交了很多朋友，他收集到更多元化的信息，思考、沟通、谈判能力都得到了很大的提高，毕业后他回国自主创业，如今已然硕果累累。而且，他再也不会为选择所累，不再为放弃所伤。

“鱼，我所欲也，熊掌，亦我所欲也，二者不可得兼，舍鱼取熊掌者也；生，我所欲也，义，亦我所欲也，二者不可得兼，舍生取义者也。”静心想想自己内心追求的东西，明确孰是孰非、孰轻孰重，你必然就知道该如何选择。

有了这样的认识后，面对纷繁复杂的世界和物欲横流的社会，在进行抉择的时候，我们不要总是想着让自己多得到一些，纠结于得与失的比较中，要懂得果敢地放弃和义无反顾地选择，这是勇者与智者的修炼。

抉择时静下心来，把握舍与得的机制和尺度，为了得到熊掌坦然地舍弃鱼，如此我们便能获得内心追求的东西，心中的不平衡自然也就会减少甚至消失，以快乐和愉悦的心情生活，并且把握住人生的钥匙和成功的机遇。

清楚自己内心的追求，“两弊相衡取其轻，两利相权取其重”，从容地有所放弃、有所选择，在不安定的纠结中觅得坦然的平静。这是一种与生俱来的生存方式，更是勇者与智者的修炼。

第二章
真趣淡然居物外，忘机多是隐天台
——以淡定之心直面喧嚣

“莫听穿林打叶声，何妨吟啸且徐行。”让我们放慢脚步，仔细品味一下人生路上的风风雨雨吧，用我们宁静的心灵去唤醒沉睡的思想，坦然面对人生的成败得失、沉沉浮浮，在这喧嚣浮躁的世界里保留自己的宁静淡定。

躲开浮躁，寻找心灵的净土

做学问的人不愿沉下心搞研究，盼着买张彩票，撞上天上掉馅饼的美事；当作家的人不甘心孤独地埋头写作，心存一夜之间成为名人的侥幸心理；一些女人盼着嫁个有钱人，少走些弯路，得到现成的好生活。

这一切的背后是什么？浮躁。在这个瞬息万变的红尘世界中，不少人受到外界耳濡目染的冲击，心安静不下来，不能正确地定位自己，因而出现浮躁情绪。大体表现为：不切实际、眼高手低、好高骛远、急于求成等。

一位哲人曾经说过，干什么事要是耐不住性子、伏不下身子、坐不热凳子，结果只能是失去自我、本我和真我，迷失人生的方向，在无尽的忙乱中消耗宝贵的生命，因为浮躁是死神折磨人生命的伎俩。

马剑是一位名副其实的高才生，他在某知名大学主修了市场营销课程，又兼修了工程管理课程，可谓是才华出众的“双料学士”。他毕业后，几乎周围所有人都看好他的未来，但事实并非如此。这是怎么一回事呢？原来马剑毕业后走遍了市区的各个招聘会，想找一个中层管理者的职位，但是他又没有工作经验，结果过了一个星期都没有找到合适的工作，看到以前那些不如自己的同学都顺利上班了，他心里不免着急起来。

为了摆脱这个尴尬的局面，马剑不得已先找了一份简单的工作：在一家物流公司担任采购。可是，他总认为自己堂堂一个本科生做这个工作很屈才，于是在工作中总是抱怨这、抱怨那，工作不到一个月他就跳槽到一家私企。在这家私企，马剑如愿地坐到了市场营销经理的位置，但他还是无法踏踏实实地工作，觉得这里的发展空间太小，于是又跳槽了。就这样，浑浑噩噩过了一年，马剑依旧没有找到一份合适的工作。

浮躁的表现形式不同，但其带来的后果一致，即一个人一旦被浮躁控制，不管他的能力有多强，他都很难耐住性子地想问题，不能脚踏实地地做事，容易失去对自我的准确定位，东一榔头西一棒槌，势必为人浅薄。

俗话说“成以敬业，毁于浮躁”，成功往往不会一蹴而就，而是需要一连串的奋斗。因此，如果你想获得一定的人生成就，想实现人生的价值，就必须克服浮躁的心态，不为繁杂的表象迷惑，不为虚荣的假象蒙蔽。

如何克服浮躁心态呢？静心。心不稳、气不沉，一旦受到外界耳濡目染的冲击，内心的“功力”不济、“底气”不足，心就会为外界所影响，漂浮不定、躁动不安，即出现浮躁心理。

身处喧嚣的红尘中，我们要经常静心。心静下来，心态保持在明澈淡然的境界，真正沉下心来、伏下身子，扎扎实实地干好手头的每一件事情，也就能够保持对工作、对生活的绝对掌控，真正享受人生。

“非淡泊无以明志，非宁静无以致远。”当我们能够静下心来，告别情绪上的浮躁，就会回归平静而真实的内心，就可以不为外界纷争所扰，客观审视自己，确定人生的罗盘，树立起正确的生活态度。

让浮躁的空气远离我们，返回我们最初的纯真与本性，做一回心淡恬静的“素心人”，走向自由和纯净，走向成熟与平和，从容不迫地看待这个瞬息万变的红尘世界，心平气和地迎接每一轮太阳的升起吧！

绚烂之极归于平淡

在这个个性张扬、浮躁忙乱、争逐物质和感官享受的红尘世界中，不少人的心被撩拨得蠢蠢欲动，不是为追求名利、患得患失所劳役，就是被尔虞我诈、勾心斗角所左右，随之而来的必然是痛苦和烦恼。

如何守住心灵的一方净土，使自己的日子过得顺心而滋润呢？我们不妨静下心来，保持一颗平常心。所谓平常心，即对待周围的环境做到“不以物喜，不以己悲”，更要对周围的人与事做到“宠辱不惊，去留无意”，气定心宁、闲庭信步。

药山禅师是一个很了不起的智者，他有两个徒弟，一个是云岩，另一个是道悟。

有一天，药山禅师带着云岩和道悟出远门，行经某处的时候，他见一棵树长得很茂盛，而另一棵树却只剩下枯黄的枝叶，便想借机示教，于是便指着两棵树问道：“在你们眼中，哪棵树更好？”

“当然是茂盛的那棵树好了。”云岩抢先作答，“荣代表着欣欣向荣，是生命的象征。”

“枯的好。”道悟争辩道，“枯，万物归天，一切皆空。”

药山禅师听后却笑而不语。这时候，旁边走来一个小沙弥，于是药山禅师又问小沙弥道：“这树是荣的好，还是枯的好？”

只见小沙弥淡然一笑，回答道：“荣的任它荣，枯的任它枯。”

小沙弥的这番回答，使他心底的那份从容、淡定、宁静显露无疑。无论外界怎样喧嚣变幻，自己的内心都风平浪静、波澜不惊，这是一种多么绝佳的禅意姿态，也是心理学中的最高境界。

平常心不是懦夫的自暴自弃，不是无奈的消极逃避，不是对世事的无所追求，而是对人生智慧的提炼、生命境界的觉悟，它能让我们的内心变成一片浩渺的水域，帮我们成为精神的富翁、自由的主人。

能够守着一颗平常心的人，无论他的生活条件如何，无论他是做什么工作的，他都能够在平凡或者不平凡的生活、工作中营造出一份平静和谐，在平淡中享受生活的真谛，找寻到生命最真实的姿态。

弘一法师，俗名李叔同，清光绪年间生于富贵之家，是一位才华横溢的艺术家，是名扬四海的风流才子，集诗词、书画、篆刻、音乐、戏剧、文学等于一身，在多个领域中开创了中华灿烂文化之先河，用他的弟子、著名漫画家丰子恺的话说：“文艺的园地，差不多被他走遍了……”

但是，正当李叔同盛名如日中天、正享荣华之时，他却彻底抛却了一切世俗享受，到虎跑寺削发为僧了，自取法号弘一，落尽繁华，归于岑寂。出家24年，他的被子、衣物等，一直是出家前置办的，补了又补，一把洋伞则用了30多年。所居寮房，除了一桌、一橱、一床，别无他物；他吃斋甚严，每日早午二餐，过午不食，饭菜极其简单。

弘一法师以教印心、以律严身，内外清净，写出了《四分律戒相表记》《南山律在家备览略篇》等重要著作。他在宗教界声誉日隆，一步一个脚印地步入了高僧之林，成为誉满天下的大师、中国南山律宗第十一代祖师。正因为此，对于李叔同的出家，丰子恺在《我的老师李叔同》一文中说："李先生放弃教育与艺术而修佛法，好比出于幽谷、迁于乔木，不是可惜的，正是可庆的。"

前半生享尽了荣华富贵，后半生却剃度为僧。这种变化，在常人看来觉得不可思议，甚至在心理上难以承受，而弘一法师却以平常心淡定自然地完成了转化，淡然地享受着"绚烂之极归于平淡"的生活，并获得了人生的极致绚烂。

弘一法师的举动是何其平常而又不寻常啊！当李叔同盛名如日中天、坐拥荣华富贵之时，却削发为僧，落尽繁华，归于岑寂，并且做得认认真真、平心静气。没有一颗对待人生的平常心，能达到这种境界吗？

总之，保持一颗平常心，就能慎物结缘、自甘平淡。面对外界的各种变化，能够做到不惊不惧、不愠不怒、不暴不躁。面对物质的引诱，心不动、手不痒，于利不趋、于色不近、于失不馁、于得不骄。

有人说"现在人们最短缺的不是物质，而是一颗平常心"，我们暂且不判断这句话的正确与错误，但如果拥有一颗平常心，面对外界的各种变化能做到不惊不惧、不愠不怒、不暴不躁，你的内心就抵达了禅意的境界。

无论外界怎样喧嚣变幻，静下心来，保持一颗平常心，做到内心风平浪静、波澜不惊，这是一种绝佳的禅意姿态，如此，我们将成为精神的富翁、自由的主人。

莫为浮云遮望眼

众所周知，“第一”意味着鲜花和掌声、意味着荣誉和尊严。于是，身在喧嚣中的红尘之人往往被这些浮华扰乱了心性，把“第一”当成最大的荣耀，惯于为“第一”而奋斗，并为此不断地追赶、奋力地奔跑，不甘落后、不甘平庸。

殊不知，处处争第一，太要强、太功利地竞争，只会让自己的心跟着浮躁起来，显得草率而轻狂。而屡争不得，第一的诱惑总在眼前，身心皆被驱使着，生命可能就会变成劳役，感觉疲惫不堪。

大学同学聚会上，唯独邱楠没有来参加。原来邱楠的女儿高考落榜了，而她本人也因为突发性高血压住进了医院。邱楠十分沮丧地躺在病床上，静静地望着天花板，后悔自己当初为何处处争第一。

在学校的时候，邱楠处处要争第一。为了争得班上唯一的班长位置，小小年纪的她居然使出浑身解数，四处笼络班里的同学，劝说他们投自己的票，结果还是落选了，为此她大病了一场；她曾发誓自己要嫁的男人一定要是所有女伴男友中最优秀的一个，结果如愿以偿，她好不得意；做了母亲之后，邱楠给女儿报了学习辅导班、美术班、舞蹈班等，她要培养出一个方方面面都是第一的女儿。结果高考时，一向成绩优异的女儿居然落榜了。

人生不是竞技，不必与众人争先恐后、日夜兼程，把“撞线”当成最大的光荣。让狂热的自己静下心来，不被那些浮华扰乱了心性，做不了第一，就做快乐的第二。大度一点、坦然一点，你的心将是一片浩渺的水域，谁能说不是美丽的风景呢？

昙花一现的艺人很多，但是像刘德华这样持续走红几十年的极其罕见。对于自己的成功，心态平和的刘德华一直推崇“老二哲学”:“我只是喜欢做第二。做第二很好，前面永远有个目标追。”

做不了第一，就做快乐的第二。即便能做第一，也不妨学着将自己放在第二的位置上。因为高处不胜寒，纵然当了第一会尝尽众人之上的滋味，可如果日后有所下落，感受的可能就是心理失衡。

更何况，人最大的敌人不是别人，而是自己。每个人都有属于自己的人生，每个人都是和自己赛跑的人。我们没有必要去和别人一比高下，而是要学会和自己争第一，勇于与自己比高下，战胜自己、超越自己。

在这一点上，著名主持人白岩松就做得很好。

白岩松从一名平面媒体记者转行做电视节目主持人已有20年，也许他从没有想到自己可以在这个领域达到如此的高度，而伴他一路前行的信念就是凡事不必争第一。他曾这样告诉自己："第一是不靠谱的，随时会更迭。"

"当然，"白岩松补充道，"不争第一不意味着不努力，只是不要费尽心思非要争第一。就像长跑一样，最后能取得很好的成绩的人，不一定一开始就领跑，但是必须让自己保持在这一梯队之中，最后比的是韧性和耐力。"

对一个做了很长时间电视节目的主持人来说，最重要的是能够时刻保有一个继续向前走的动力和勇气。而20年来，白岩松一直以长跑选手来定位自己，不因一时荣誉而不知所以，也不因遭遇一时打击或挫折而如临深渊，而是扎实、坚定地跑好每一步，时刻调整好自己的节奏，反而获得了他游刃有余的人生。

在人生道路上，不必与众人争先恐后，人生就像一场龟兔赛跑，不管在赛跑的过程中谁跑得快或慢，不管你是乌龟或是兔子，只要没有到达终点，谁也不知道谜底到底是什么，自然也就没有第一而言了。

让心安静一点儿吧，别被那些嘈杂乱了心性，回头看看从前的自己：你的成绩比从前进步吗？你的工作比过去更称心吗？你的生活比从前更美好吗？你的身体比过去更健康吗？你的家庭关系比从前更和谐吗？

不为外界的人事所驱使，把注意力集中在自己身上，执著于自己的目标，也不去为暂时的落后自寻烦恼和制造失意，不仅让身体得到休息，更是让心灵得以卸载。你得承认，这是一种美好，而且值得追求。

处处争第一、与众人争先恐后，身心皆被驱使着，生命就有可能变成劳役，从而感觉疲惫不堪。让狂热的自己静下心来吧，别被这些浮华扰乱了心性，做不了第一，就做快乐的第二。大度一点、坦然一点，你的心将是一片浩渺的水域。

给心灵做个瘦身运动

置身于纷杂喧嚣、充满诱惑的现代生活，我们会遭遇困境、忌妒、争夺等各种各样的情形，由此也就产生了痛苦、焦虑、抱怨、怀疑等“附属品”。它们像垃圾一样，被丢到每一个人心灵深处的某个角落。

夜深人静，当我们审视自己内心的时候，不得不承认，这些“附属品”总会萦绕于我们脑海之中，腐蚀着心灵，让我们产生一种说不出的抑郁与困扰，让我们无法自拔。

在某一外企就职多年的魏先生最近工作不顺利，在和客户进行谈判时由于手头信息掌握得不够，被竞争对手占了上风，结果受到了主管的严厉批评，他感到主管丝毫没有给自己面子，为此满腹的委屈和气愤。

这段时间以来，魏先生怎么也开心不起来，看什么都觉得烦，又碍于面子而不愿意和别人诉说内心的苦闷。于是，在家不是抱怨妻子没有处理好家务事，就是指责儿子不好好学习，弄得全家人很不高兴，而魏先生自己的内心更是备受折磨，整晚整晚地睡不好觉，整天唉声叹气、愁眉不展。

你有过与魏先生类似的经历吗？如何摆脱这种困扰呢？答案是及时清扫你的心灵。在这里运用一个形象的比喻，在自己的心灵里建立一个“回收站”，并且时常静下心来及时清空那些消极的情绪，还自己一颗纯净澄澈的心灵。

众所周知，电脑系统中专门配置了“回收站”，用来收集那些已删除的垃圾文件。回收站要及时清空，才能给原本空间就不富裕的硬盘做一次“瘦身”运动，才能腾出更多的有效空间存储新的、更为有用的信息。

然而，我们心灵的回收站里装载了太多的“垃圾信息”，同样需要经常清空。比如，难过的时候，找个地方畅快淋漓地大哭一场，给不愉快的往事做一次祭奠；气愤的时候，找个没人的地方，把水泥墙当成出气筒踢上两脚、打上两拳；痛苦的时候，狂奔猛跑、振臂高呼，直至耗尽全身力气……

及时清空心灵的“回收站”，清空伤害带来的阴影，扫除恐惧和烦恼的纠缠，不为名利是非所累，不为鸡毛蒜皮所困，我们的心将是一片浩渺的水域，旷达而明丽，我们的身心将获得极致的轻松和清净。

由于在一家大型的对外贸易公司做高级谈判人员，薇薇不得不整日应对各种各样的唇枪口剑，运用智谋与人斗智斗勇。但是令人称奇的是，即使和别人大吵一架，第二天薇薇依然能够笑容满面地来上班。

“薇薇，难道你没有受到影响吗？”别人总是这么问，薇薇则微笑着回答：“昨天已经过去了，干嘛今天还要记得呀。”是薇薇真的健忘吗？不是！她不过是懂得及时清空心灵的“回收站”罢了。

无论是工作中还是家庭里的烦心事及压力让自己感到太疲惫、太压抑、太困惑时，薇薇都会用自己的方式来调整。比如，静下心来写一写日记，把自己的情绪发泄到纸张上；或者组织几个姐妹去 KTV 唱歌，在放声高歌中宣泄自己的情绪。

这种及时清空心灵“回收站”的方式，不但帮助薇薇摆脱了各种不良的情绪，内心拥有了平静如水的力量，而且还陶冶性情、修心养性，令她发现生活的新天地，工作的灵感一次次迸发，多次得到了老板的表扬。

跳出匆忙喧闹的生活圈子，找个地方安静地坐着或躺着，让

心情变得放松，让心灵退入自己的灵魂中，静下心来聆听自己内心最真实的声音。问问自己：我满意现在的生活吗？我为什么感到烦恼？我得到了什么，失去了什么……

沉淀一下，把内心里那些负面的东西找出来，然后发泄出去。这就好比你将无用的文件存到回收站再按下“删除键”，就能够将它们彻底清除掉一样。如此，你会以轻松的心情拥抱生活，发现心灵的天空是那样的风清云淡。

痛苦、焦虑、抱怨、怀疑等消极情绪像垃圾一样污染着、困扰着我们心灵的净土。若想还自己一颗纯净澄澈的心灵，我们需要时常静下心来找出困扰内心的因素，然后彻底将它们清除掉。

寂寞让浮华归于沉寂

寂寞，从来就是人们谈论的话题，因为太多的人品尝过它的滋味，所以古往今来，有多少文人墨客发过牢骚，斥责寂寞对他们的骚扰，又有多少人不甘寂寞的折磨而书写人生的败笔。

人们为何不甘寂寞呢？答案是他们心无定力。拒绝繁华喧闹的诱惑、接受寂寞的洗礼，需要造诣很高的定力。

为了摆脱红尘的喧哗浮躁，一个年轻人决定剃度为僧。剃度时，他信誓旦旦地向住持表示自己要皈依佛门，但才念了不到一个月的佛经就受不了寺院的寂寞，还俗去了。一个月后，他一把鼻涕一把泪地要求重入佛祖门下。住持心生慈悲，就答应了。3个月后，他又嚷嚷说佛门冷清，留不住人，又一次开溜。

年轻人如此闹腾了好几次，住持很是纠结，留与不留都觉得烦恼。后来，他想出了一条妙计，对年轻人说："这样好了，你不如在寺院门口开个茶馆，做个不染红尘的还俗和尚。"年轻人听了很是高兴，便真的在寺院门口开了个茶馆，后来又娶了个老婆，开开心心地生活着。当然，他也没能领会到佛门真经。

这位年轻人总是被红尘的繁华诱惑着，不甘寺院寂寞的折磨，心如此没有定力，怎能静悟佛道的深奥？住持也实在是高明，像这种不甘寂寞、心无定力的人也只能安排他做一些平凡的事情。

在红尘喧嚣、人海沉浮之余，我们要想让心灵趋于宁静、让浮华归于沉寂，就要甘于寂寞。寂寞，是对思想的考验，是精神的历程。静中念虑澄澈，见心之真体；闲中气象从容，识心之真机。

铁树沉寂60年方开一次花，昙花积聚一个花期只为数小时的盛放。人的一生之中，真正五彩绚烂的场面是短暂的，更多时候面对的都是平凡普通的生活。但是，经受得住寂寞的考验，才会有成功时刻的绚烂。

下面，我们不妨来看一堂成功人士的演讲课。

这是一场座无虚席的演说，在人们热切、焦急的等待中，全国著名的推销大师上场了，这是他告别职业生涯的演说。只见他指挥着工作人员搭起了一座高大的铁架，铁架上吊着一个巨大的铁球，接下来又让工作人员将一个大铁锤放在自己面前。

看到这怪异的一幕，人们很惊奇，不知道他要做什么。

这时，推销大师对观众说："请两位身体强壮的人到台上来，用这个大铁锤去敲打那个吊着的铁球，直到把它荡起来。"很快，有两个年轻人上了台，他们用尽全力去敲打那个铁球，累得气喘吁吁，但是铁球纹丝不动。

台下观众的呐喊声渐渐沉寂下去了，他们好像认定这样的敲打是无用的，就等着推销大师来解惑。这时，推销大师拿出一个小锤，对着那个巨大的铁球认真地敲了一下，停顿片刻再敲一下，就这样持续地做着。

时间一分一秒地过去，10 分钟、20 分钟……这样单调的钟声令人们开始骚动起来，他们希望大师说点儿什么，便用各种方式来发泄自己的不满。但是推销大师好像根本没有听见人们在喊叫什么，仍然一小锤一小锤不停地敲着。

人们开始离去，最后只有少数几个人留了下来。后来留下的人们也喊累了，会场又安静了，只能听到"铛铛""铛铛"的钟声，又一个 20 分钟过去了，突然前排的一个人尖叫道："球动了！"

霎时间，人们聚精会神地看着那个铁球。那个巨大的铁球以很难察觉的幅度摆动着，而推销大师仍在继续敲着。终于，铁球在一锤一锤的敲打中越荡越高，它拉动着那个铁架子"哐、哐"作响，在场的每一个人都震惊了。

一阵阵热烈的掌声爆发出来，推销大师收起小锤说了一句话："你们都想知道我成功的经验，今天我要告诉你们，在成功的道路上，要有足够的耐心去忍受寂寞，等待成功的到来，否则你就只能面对失败。"

在这场别致的演讲中，推销大师为人们上了生动的一课。静下心来，隔绝纷繁，承受寂寞的考验，我们的心灵会沉静似浩渺的水域，我们会变得更加沉稳、睿智，进而获得珍贵的人生宁静。

寂寞不是因为懦弱而躲藏，更不是因为害怕而放弃，而是不被喧嚣俗物所污浊的单纯，更是一种不动声色的蓄势。正如猛兽在捕猎之前都要静悄悄地占据一个有利地形，然后耐心地等待最合适的时机一样。

飞舞的蝴蝶是美丽的，那种美丽是因为曾经在厚厚的茧壳中，蛹在黑暗与无助的寂寞中默默地挣扎，才会为自己迎来了这份自由灿烂的美丽；鲜艳的花朵是美丽的，那是因为泥土中的种子在寂寞的时光中悄然地舒展着生命，等待着温柔的春风与细雨，使它有了重生的希望。

翻看那些名人的成功史，我们也会发现"古来圣贤皆寂寞"。试想，如果没有不被重用、被贬流放的寂寞，屈原能完成千古绝唱《离骚》吗？如果没有壮志难酬、避世隐居的寂寞，陶渊明能创造"采菊东篱下，悠然见南山"的静谧吗？

留一段云淡风轻的寂寞，不被喧嚣的俗物所污浊，让人生少些浮躁和媚俗，多些平静和安详，始终保持积极向上的心态，"十年面壁”“十年磨一剑”“十年寒窗”最后的结果应该是“大彻大悟”“剑一出鞘，谁与争锋”“一举成名天下知”。

近年来，李安在影坛可谓获得了不俗的成绩，先后获得奥斯卡奖、威尼斯电影节金狮奖和柏林电影节金熊奖等国际顶级电影奖项，闻名国际影坛。然而，这些耀眼夺目的光环背后，却是一颗寂寞多年的心灵。

1984 年，从美国纽约大学毕业后，李安开始了在好莱坞漫长的奔波，却没能找到一份与电影有关的工作，不得不赋闲在家，靠妻子林惠嘉的薪水度日。为了缓解内心的愧疚，他包揽了所有的家务，买菜、做饭、带孩子、打扫屋子等，已过而立之年的李安第一次品尝到寂寞的滋味。

李安的过人之处在于，他很快就意识到寂寞也是磨炼意志的绝佳机会。那段时期，他每天都会阅读大量的书籍，仔细研究好莱坞电影的剧本结构和制作方式，思考如何将中美文化结合到一起，这让他形成了自己的创作风格，而寂寞的锤炼则让他克服了影视界人普遍存在的心浮气躁、好高骛远的缺陷。

六年赋闲的寂寞生活之后，李安开始正式创作剧本，他将中国文化和美国文化有机地结合到一起，创造出一些全新的作品，而后开始了真正执导电影的生涯，其电影作品广受中美两国人民的喜爱。一点也不夸张地说，李安就是一座桥梁，一座使东西方影视文化得到沟通的桥梁。

一个热爱电影事业的电影人不能奋斗在电影行业，却只能待在家里做家务，这是一场令人痛苦的历练，但也正是这六年寂寞的“蛰伏”，使得李安才思泉涌，创作出那么多优秀的电影，人生道路得以闪耀。

寂寞让浮华归于沉寂，它是一种远离喧嚣、超凡脱俗的美丽，需要极大的智慧和定力。如果你是男人，就应是一座山，一座甘于寂寞而又伟岸的山。如果你是女人，就应是一条河，一条甘于寂寞而又温柔的河。

冰雪掩梅梅自香，何恐寂寞，终归会有人寻芳而至。而没有底蕴的人，再如何聒噪宣扬，也不会有人问津。做甘于寂寞散发梅香的人，还是聒噪一无是处的人，左右着你将来的命运，你做好选择了吗？

为心灵辟得一渊世外桃源

提到独处，每个人都会感到不寒而栗，脑海中还会浮现这样的词语：“形影相吊”“孑然一身”“孤芳自赏”等等。这些词语，带给我们的是一种被遗弃的冰冷之感，容易联想到人生的失败。

诚然，人们往往把合群看做一种交际能力，但是独处也是一种能力，并且在一定意义上是比交往更重要的一种能力。因为一个人如果无法独处，没有一处心灵的世外桃源，人格与思想就无法真正成熟。

看看周围，你就会发现，这样的人大有人在。

“你周末陪我吧，我男朋友出差去了……”彩云又打电话给好朋友小翠了，只要男朋友一出差，她不是叫小翠一起出去吃饭，就是一起娱乐。理由很简单：每当独自在家，她就会莫名地空虚和焦虑。

小翠很讲义气，每次都会将自己的事情放下来，满足彩云的意愿。但是这次公司要求每一个人都要加班，她只好拒绝了彩云：“我不过去了，你自己看看电影、听听歌不是很好嘛，开心哦。”

无奈地放下了电话后，彩云躺在床上，呆呆地盯着天花板，无聊得要命，“该干点儿什么好呢？”“数数吧，1、2、3……”她感觉自己被全世界抛弃了，委屈的眼泪啪嗒啪嗒地掉了下来。

世界太拥挤，生活中总充斥着太多的枷锁。独处，并不是非要远离纷繁的市井，走向田园牧歌式的乡村，而是闹中取静，身处喧嚣而不慕繁华，在红尘但不陷烟云，居短巷却怡然自得，置陋室却心房飘香。

中国的古人深谙此道。明人洪应明就曾提到自己在夜深人静的时候，经常独自一人静静地坐下。他说，在这种静思中审视内心，能够感知真我，世界上的一切烦恼、俗念、丑恶都会渐渐消去，进而感悟到人生的真谛。

的确，独处不但可以让我们从繁杂的外部环境、纷扰的人事中抽身而出，回归自我的状态，还可以让我们的心呈现一片浩渺的水域，静静地聆听自己内心最真实的声音，平和地体验与理解自我，活出最真实的自己。

在星光灿烂的明星圈里，她羞涩安静、干净清爽，反而与众不同，在很多人心目中，她是清纯玉女的代表——她就是袁泉，一个喜欢安静独处的女人。

谈及独处，袁泉这样说道："我喜欢安静地独处，尽管有爱相伴，但独处是令自己最舒服的状态，感觉其实挺美好的，能从中体味一些好玩的事情。我会一个人待在房间里，听音乐，其实也许什么都没有想，但那是一种享受。"为了表明自己的态度，她还发了一张名为《孤独的花朵》的专辑。

正是因为秉承着独处的习惯，袁泉始终没有让自己受到太多外界的影响，也始终没有让名利磨去她身上那些单纯的东西，使她的内在产生了一种无比强大的力量，令观众们为她惊叹、陶醉。

正所谓宁静以致远，在繁忙、琐碎、浮躁的时代，独处能留给自己一片安宁的晴空，留给自己一隅思索的空间，让自己成熟和理智，让自己释放和释然，独处如此美妙珍贵，聪明的你怎么可以放弃这样的优待？

在竞争激烈的现代社会，很多人忙忙碌碌，几乎没有一分钟是清静、清闲的，独处就显得更加重要了。每天为自己留出十分钟，这个时间不是很短，也不是太长。我们能够承受得起，也能够消受得起。

不管外在的世界如何喧闹，每天为自己留出十分钟，让自己有一片清静的天地，使心灵更加畅快愉悦地呼吸吧！至于在这个时间段干什么，倒是没有必要跟别人去学，自己随意支配，让身心放松、默默地冥想，或者什么也不想；阅读一本书、看一场电影；整理一下衣橱，或者做一次房间的大扫除……

无论身在如何的喧哗之中，如果你能够安然享受独处的时光，回归真实自我的状态，那么你就如同梭罗建在郊外的小木屋、陶渊明篱前盛开的菊花一样挣脱了所有的束缚，散发出一抹散不去的生命馨香。

不管外在的世界如何喧闹，每天为自己留出十分钟，回归自我的状态，心就会呈现一片浩渺的水域。在这片清静的天地，静静地聆听自己内心最真实的声音，你可以平和地体验与理解自我，活出最真实的自己。

第三章
怒发冲冠凭栏处，潇潇雨歇心自静
——以淡定之心平复冲动

俗语有云：冲动是魔鬼，冲动一定把你毁。冲动这只“魔鬼”只会给我们带来无穷无尽的问题及麻烦。要想享受成功，体验人生，我们必须甩掉冲动这只“魔鬼”的跟踪，平复心绪，时刻保持一颗宁静平和、悠然淡定之心，让心灵恢复宁静。

擦亮心灵的窗户

当生活中出现了失误或者事情进展不顺利的时候，很多人出于一种“自我保护”意识，往往会冲动地把过错归于环境和别人，却很少从自己身上找原因，结果弄得心力交瘁、精疲力竭，不知道自己应该要归向何处。

下面是一个经典的小故事，名为《蜘蛛的启示：到底是谁在打扰你》：

有个小和尚学习入定，可是每当入定未久，就感到有只大蜘蛛钻出来捣乱，他用力地挥了挥手，企图驱赶大蜘蛛，未果。于是，他便报告师父："我一心想好好入定，但是寺庙的环境很不清净，有一只大蜘蛛老是打扰我，赶也赶不走。"

"有蜘蛛干扰自然难以好好入定，不过以前倒是没有人反映过这个问题。"师父想了一会儿，"下次入定时，你就拿支笔在手里，如果大蜘蛛再出来捣乱，你就在它的肚皮上画个圈，我们将它找出来。"

听了师父的话，小和尚准备了一支笔。

再一次入定时，大蜘蛛果然又出现了。小和尚见状，毫不客气，拿起笔来就在蜘蛛的肚皮上画了个圈圈作为标志。谁知刚一画好，大蜘蛛就销声匿迹了。没有了大蜘蛛，小和尚就可以安然入定，再无困扰了。

过了好长一段时间，小和尚出定后一看才发现，原来画在大蜘蛛肚皮上的那个圈记就赫然在自己的肚脐眼周围。这时，小和尚才悟到，入定时的那个破坏分子"大蜘蛛"，不是来自外界，而是自己心不静。

入定时有一只大蜘蛛钻出来捣乱，小和尚以为是寺院的环境不清净，结果在师父的指点下，才知道蜘蛛是自己心中所念，一切皆因为自己的心不静。这个故事启示我们：打扰我们的不是别人，而是自己。

所以，当生活中出现某些不愉快的问题时，不要第一时间冲动地指责或抱怨别人，让自己的心安静下来，多从自己身上找原

因，或许能更快地找到问题的根源，很多事情也许就变得更加容易解决，与他人也就更容易相处了。

有一则小故事：

一位女士多年来总是嘲笑对面的女邻居懒惰：“那个女人的衣服永远洗不干净。看，她晾在院子里的衣服总是有斑点。我真的不知道她为何洗衣服都洗成那个样子……”为此，爱干净的她不曾与邻居来往。

一天，她的朋友来她家做客，听见她在嘲笑对面的女士，就仔细地观察起来。结果细心的朋友发现了问题所在，于是拿起一块抹布，把玻璃上的污迹擦净，然后说：“你看看对面的衣服还脏吗？”

原来不是女邻居没有洗干净衣服，而是这位女士自己家的玻璃窗脏了。女士多年的心结打开了，再见到女邻居的时候她友好地朝对方笑了笑，两人很自然地聊到了一起，还成为一对难得的好朋友。

生活中我们会经常提醒别人擦亮窗户，而我们更应该静下心来常问问自己：自己的窗户擦亮了吗？不要冲动地将错误归咎于别人，检讨自己要容易得多，如此就不会有愤世嫉俗、鲁莽行事的愚蠢行为了。

的确，凡事找自己的原因，你就不会冲动地气别人、怪别人、恨别人，可以让自己沉着冷静地去解决问题，心平气和了就不会引发纷争、激化矛盾，这样你与任何人都不会产生纠纷，生活也就少些不必要的怨恨。

我们再来看一个故事。

方佳是个“80后”的时尚女生，热情开朗，和大多数同事相处融洽，唯独对一个年长几岁的男同事爱搭不理。在方佳眼里，这位男同事就是一个“工作狂”，好像他是全世界最勤奋的人一样，害得别人都成了陪衬。

不久前，公司有项工作任务非常紧急，老板安排方佳和这个“冤家”合力完成。果然不出所料，这位男同事天天早出晚归加班加点，这让方佳很是受不了，为了顺利地完成工作，她努力调整自己的情绪：或许问题出在我身上，是不是我工作态度太过散漫了，是不是我对工作没有多大要求……

于是，方佳也开始跟着这位男同事努力工作，还主动承担了一些较为复杂的工作。结果，两人的工作进度非常神速，还在例会上得到了老板的特意表扬。事后，方佳感慨道：“要不是因为他事事争先，我们的工作进度肯定就没有那么神速。现在我才知道他工作卖力是因为他有上进心，这点很值得我学习。”

方佳调整自己的情绪，检讨自己的工作态度，最终认识到自己太过散漫、没有上进心，认识到这一点，她对“冤家”的态度自然就发生了变化，合力顺利地完成了公司的任务。试想，如果她冲动地指责“冤家”，工作肯定很难完成，又何谈受到老板的表扬呢？！

多从自己身上找原因，检查自己说过的话、做过的事，自己直接地经历和体验，看看自己的所作所为有没有需要改进的地方，只有这样，我们才能不冲动地将错误归于环境或他人，才能让自己少犯错误、更加进步。

停止抱怨，让心止如水

被领导批评了、工作压力大了、工资低了、物价又上涨了……在我们生活中，总能听到这样或那样的抱怨。可是，抱怨能解决问题吗？抱怨能使你摆脱现状吗？抱怨只会令你的心情愈加糟糕、鲁莽冲动。

生活中有很多老实本分的普通人，只因不能克制抱怨心理，结果把抱怨变成了冲动的念头，让冲动的心魔占据了整个心灵，结果让一些鸡毛蒜皮的小事毁掉了自己的生活，留下无限的怨恨。

我们来看一个典型案例。

苏姗是一个公司的白领，她总是有很多的牢骚，不是抱怨这个就是抱怨那个，“凭什么小张接的都是轻松的活儿，我手上的客户就那么难缠？”“公司的破电脑又死机了，这样的工作环境太令人懊恼了。”“给那么短的时间完成一份客户反馈报告，我今晚肯定没得睡，真烦人。”……

苏姗爱抱怨，在公司里众所周知，就连总经理都知道了。没有哪位老板想用老抱怨的员工，总经理之所以不动声色，是因为苏姗的工作能力还不赖，但是三年来他从来没有给过苏姗任何提拔，工资水平几乎原封不动。

如此一来，苏姗的不满情绪加重了，变本加厉，每天唠唠叨叨个不停：“老板可小气了，用人特别狠，他想用最少的钱让我干最多的活。哼，我才没有那么傻呢。”于是，她开始不认真工作了，结果屡出差错，惨遭开除。

由此可见，对周围的一切抱怨不止，却极少静下心来反省自己，内心被不满、不平等情绪占据，只会导致自己的性格、脾气变得古怪、偏激，有时稍微受到外界刺激便不能容忍，冲动的“心魔”就被唤醒了。而一个心智急躁的人，又怎么可能看清眼前的一切？怎么可能理智地对待周围的人和事？

有一本名叫《通向成功生活的道路》的励志书，作者在书中写了这样一段令人印象深刻的话：“生活中常见的一些绊脚石，是我们不知不觉间给自己树立起来的，那就是我们一而再、再而三地抱怨。”

克制住冲动的情绪，其前提便是不抱怨。停止你的抱怨，让内心安静下来，唯有如此你才能去除内心的不满、不平等情绪，才能以客观和冷静的头脑分析当前的情况和原因，然后找到摆脱困境的方法。一切尽在掌握之中，内心安然平和，冲动的“心魔”

自然便不能嚣张行事，甚至无所遁形。

大学毕业后，肖强没有找到合适的工作，暂且在一家保险公司当了业务员。刚到公司上班，肖强就发现公司里大部分人对本职工作不认真，他们不是抱怨工作难做，就是抱怨待遇太低，有的还抱怨客户太无理……

的确，这是一份让人很头痛、很难做的工作，肖强的工作开展起来也很困难。第一个月他拿到的只是最基本的底薪。虽然工资低、职位低，但他知道抱怨不能解决任何问题，再难也要上。

怎么样做才能让人们愿意接受保险业务员呢？经过一段思考后，肖强确定了工作路线，更加努力地工作。肖强在社区里举办了一场场“保险小常识”讲座，免费为社区居民讲解保险方面的常识。

渐渐地，社区居民们对保险产生了兴趣，肖强接下来的工作进行得顺利多了，业绩突飞猛进，很快便受到经理的重用，时间一长，肖强成了公司里的“顶梁柱”，而其他同事还在抱怨，还在原地踏步。

正是由于肖强没有一味地去抱怨，去除内心的不满，才没有冲动地敷衍工作，或者立马走人，而且他还找到了开展工作的新方法，依靠自己的努力改变了现状，赢得了公司领导的赏识，获得了更多发展的机会。

在人生的道路上，有阳光，也有阴霾；有平坦，也有坎坷；

有畅通，也有荆棘。既然你已经明白了抱怨只会使你变成不够理智的人，那么就停止那些没有意义、没有必要的抱怨，催眠冲动的“心魔”，让心如止水吧。

抱怨只会使我们变成不理智的人，克制住冲动的情绪，其前提便是不抱怨。停止那些没有意义、没有必要的抱怨，让内心安静下来，唯有如此我们才能保持清醒的头脑和理智，将人生主导权掌握在自己手中。

退一步天高云淡

俗话说：“有理走遍天下，无理寸步难行。”没理的时候，人通常能够静下心与人相处，但在别人理亏的时候，却容易冲动地与别人一争高下，非要让对方承认自己的错误，或者非要逼得对方无路可退才善罢甘休。

殊不知，得饶人处而不饶人，往往会在无形之间打乱自己的心灵节奏，给周围的人带来很大的压力，破坏彼此的良好人际关系，为自己设置许多障碍，最终使自己走向孤立无援的地步，使生活各方面陷于窘迫。

刘珊是一个开朗活泼、直来直去的女人，她这种性格本是很受欢迎的，尤其是在竞争激烈、尔虞我诈的职场，但是她却容易情绪冲动，尤其是自己有理的时候，非要和别人争出一个一二三来，得饶人处不饶人。

有一次，刘珊被经理安排到外面做事情，文秘小红不知情，给刘珊记了请假，结果月底的时候扣发了工资。刘珊非常气愤，理直气壮地去找小红理论，说："嘿，你对工作怎么这么不负责，我什么时候请假了？"

小红去询问了经理，才知道自己搞错了，但是她心想：即使是我发错了工资，你也应该好好说，怎么可以这么出言不逊呢？于是，不禁抱怨道："这事也不能全怪我，当初你外出时没说是公务，我怎么知道，你也有责任。"

"什么？我的错？是你自己的工作没有做好，你怎么又怨起我来了？"刘珊仗着自己有理，不依不饶，大声嚷道，"我们市场部可是公司的前线部门，难道人人都要向你这么一个打杂的俯首称臣不成？不知道天高地厚！"

在大庭广众之下被人如此痛骂，谁受得了。"呜呜……"小红又恼又羞，趴在办公桌上哭了起来。此时，几乎所有的同事都开始指责刘珊："不就是错发了工资嘛，你这么冲动做什么""文秘每天也要做好多工作的，难免会有出错的时候，你跟人家好好说嘛……"

"我……"刘珊不明白了，本来自己是"受害者"，怎么现在倒成了众矢之的。

在这件事情上，刘珊被扣发了工资，开始的时候她是有理的，但是她横加抱怨、责骂小红、出言不逊，这就显得有些不合情理了，只会在别人心里留下过于冲动、不可理喻的印象，破坏自己的人际关系，得不偿失。

在有理的时候，你是无敌的，但是也要学会得饶人处且饶人、有理也要让三分。因为有理并不在于声音的大小，也不在于言辞是否犀利，而是在于人心。谁对谁错、谁是谁非，别人心里自然会有分晓，这就是大家常说的“公道自在人心”。

当自己占理的时候，学着让心静下来，相信公道自在人心，尽量用温和代替冲动，做到言行温文尔雅、得饶人处且饶人。这是有百利而无一害的，如此，你不仅会拥有平和宁静的内心世界，而且能够理智地、科学地处理好事情，令生活少些不必要的怨悔，而你给众人留下的必将是优雅大度、正直善良的好印象。

在一条大街上，有一个古朴典雅的茶庄。虽然茶庄的地点较为偏僻，但茶庄的生意很是兴隆，每天来喝茶的顾客特别多。茶庄的一个服务小姐对顾客和颜悦色，说话轻声细气。但是，也有一些第一次来喝茶的比较粗鲁的顾客。

“小姐！你过来！你过来！”突然有一位顾客高声喊着，他指着自己面前的杯子，满脸寒霜地说，“看看！你们的牛奶居然是坏的，把我的一杯红茶都糟蹋了！哎呀，真是的，你们这是什么茶馆呀。”

服务小姐愣了一下，随即微笑着说：“真对不起，我帮您换一下。”

很快，服务小姐就把红茶和牛奶端了过来，杯子和碟子跟上一杯是一模一样的，放着新鲜的牛奶和柠檬。她轻声地说："先生，我能不能给您提个建议，柠檬和牛奶不要放在一起，因为牛奶如果遇到柠檬很可能会造成牛奶结块。"

此时，顾客的脸刷地一下就红了，他匆匆喝完那杯茶就走了出去。这时候，其他客人问那位服务小姐："明明是他老土，你为什么不直接和他说呢？他那么粗鲁地对你，为什么你还和颜悦色呢？"

小姐轻轻地笑了笑，回答道："正是因为他粗鲁，所以我才要用婉转的方式，因为道理一说就明白，又何必得理不饶人呢。理不直的人，常常用气壮来压人；有理的人，就要用和气来交朋友。"

听罢，在座的所有顾客都笑着点了点头，对这家茶庄又增加几分好感。从此，这家茶庄的生意越来越红火，不是因为他们的茶有多好，也不是因为茶庄的规模有多大，而是因为茶庄的服务态度好，让人觉得舒服。

正是由于服务小姐没有对顾客的无理取闹还以颜色，而是懂得有理让三分，面带微笑地为顾客服务，用委婉的语气告诉顾客事实的真相，才既保留住了顾客的尊严，又令其他顾客深受感动，进而愿意继续光临这家了。

试想，如果该服务小姐仗着自己有理，冲动地与顾客争辩，直截了当地指出顾客的错误，那么她只会给其他顾客留下肤浅、粗俗、愚蠢的印象，还有谁愿意光顾她的茶庄呢？相信她事后也会为自己的冲动而悔恨不已。

公道自在人心，冲动时静下心来，得饶人处且饶人，以这样的健康心态处理事情，不但可以得到一个满意的结果，而且能够赢得别人的尊重，也许还会有意外的收获，令我们不会受到损失。

忍一时风平浪静

《动物世界》里曾经讲过这样一个故事：

海滩上有两种蓝甲蟹，一种脾气冲动、争强好胜，总是会和身边的蓝甲蟹发生冲突；而另一种则极其能忍，不管遇到什么样的挑衅，它们都像死了一样躺在沙滩上，任凭对方上蹿下跳却一动不动。

经过千百年的演变，人们发现，那种凶猛的蓝甲蟹在不断地冲突厮杀中，数量越来越少，几近灭绝；而那些总是躲起来，不和他人正面冲突的蓝甲蟹不但没有遭遇灭顶之灾，而且繁殖得越来越旺盛。

生活中总会遇到不顺心的事情，如果我们像那种凶猛的蓝甲蟹一样非要和别人厮杀一番，结局很可能就是两败俱伤。而适当地忍耐一下，控制自己的所作所为，往往就能春风化细雨，一切回归风平浪静。

为人处世，常常需要忍耐。因为人不是万能的，总有好多事情自己没能力解决，而无可奈何，一时冲动、意气用事会错失良机。暂时地忍辱负重可能是解决问题的最好方法，生活也将少些不必要的怨悔。

家喻户晓、妇孺皆知的西汉名将韩信武功盖世，称雄一时。但当他还是贫困潦倒的平民百姓时，曾经有个地痞侮辱他说："你敢杀人吗？你若敢杀人，那你就先杀我；要是不敢的话，就从我裤裆下钻过去。"面对这等奇耻大辱，韩信很想与地痞一决高下，但他深知"包羞忍耻是男儿"的道理，克制住了自己的冲动，硬是从地痞的裤裆下钻了过去，围观的人都讥笑韩信懦弱。

试想：假如韩信一时冲动而刺死那个地痞，情况又会怎样呢？他免不了要吃官司，做一个名不见经传的枉死鬼，或者只能亡命天涯、颠沛流离，命运可能是另外一种情形，历史也许就会改写，到时候再多怨恨也无用。

很显然，忍让并不是懦弱地忍气吞声，也不是无原则地退让、放弃，而是对己的克制和约束以及更深远的考量与权衡。"君子所取者远，则必有所持；所就者大，则必有所忍。"这正是中国"忍文化"的真谛。

一时的冲动往往会让人后悔，冲动是我们最大的敌人。当你因为某些人和事而情绪冲动时，一定要努力让自己静下心来，学着忍耐一点，降低过激情绪的干扰，才能避免一时的舒心后用无尽的悔恨挥霍人生。

忍耐是意志的磨炼，是爆发力的积蓄，是后发制胜的武器。人应该学会在忍耐中锲而不舍地追求，在忍耐中深刻地感悟人生，品尝先苦后甜的味道。正如福楼拜给莫泊桑的赠言：“天才，无非是长久地忍耐！”

很多人之所以能够与普通人相区别，并不在于他们比一般人成功，也不在于他们比别人更有能力，而在于他们知道忍耐的智慧，能够控制自己在冲动下的所作所为，不会让自己做出终生遗憾的事情。

刚进入一家很有名气的广告公司时，彭宇发现大学里学到的东西在实际应用中并不够用也不管用，致使工作效率很低、出错率很高，结果经常受到老板的大声训斥，让他很没有面子。

朋友们得知情况后，纷纷劝说彭宇干脆辞职换一家公司，毕竟那个老板要求苛刻、脾气暴躁。但是彭宇却很不认同他们的说法，他觉得自己不能年轻气盛，受到一点点责备和委屈就想不开、闹情绪、撂挑子。

在那段时间内，彭宇坚持努力做好自己的工作，慢慢地，他遭老板训斥的次数越来越少了；两三年过后，彭宇对于展览、策划、文案、平面设计等都很有一套，并获奖无数，成了广告公司的台柱和招牌，老板对他变得跟换了个人似的，非但不再说一句重话，还赞赏有加，并提拔他为主管。

对于自己的成功，彭宇解释道："头3年学艺未精，看老板脸色并不丢脸，千万不要受点儿委屈就冲动做事，否则一生都要看别人脸色。心静一点、忍耐一点，沉得住气，才能在工作实践中培养自己的本事，最终老板会对你刮目相看。"

由此可见，忍耐不是懦弱，而是一种自我控制的能力、一种审时度势的智慧、一剂保全自己的良方、一种主动收缩的调整、一种以退为进的策略，进而让人生不断蜕变。既然如此，我们何乐不为呢?

需要注意的是，忍耐之前要理智地区分什么重要、什么不重要；什么是原则问题、什么是非原则问题；什么必须现在解决、什么可以暂缓解决。不分主次、没有限度，忍耐就变成了懦弱，实不足取，也容易导致心理压力。

一时的冲动只会犯下错误，留下无尽的悔恨。学着忍耐一点，降低过激情绪的干扰，审时度势、磨炼意志，才能更深远地考量与权衡，才能避免生活中不必要的怨悔，品尝到先苦后甜的味道。

甘于吃亏，成就华丽转身

在现实生活中，总是有些人不肯吃一点亏，一旦吃了诸多芝麻小亏的时候，就情绪过于激动，轻则破口大骂，重则大打出手，将事情弄得不可收拾，让与其共事的人怨声载道，失去人气，搞得自己也心境不宁，这是一件多么可悲的事情。

下面，我们来看一个例子。

卡米尔是一家汽车公司的网络编辑。她最害怕的就是吃亏，尤其是在工作上，做完自己的工作后，宁可坐着歇着也不肯帮帮周围忙得晕头转向的同事们，下班比谁都走得早，这让同事们很不喜欢她。

有一天下午，公司着急发通告信给所有的营业处，而公司的文员又请假，所以办公室主任抽调了一些员工协助，卡米尔就在此列。卡米尔对此很不以为然，认为这不是自己的工作，做了就吃亏了，便不高兴地说："凭什么要我去？再说了，我到公司来不是做套信封工作的，我不做。"

结果，主任以不遵从领导安排的理由要罚卡米尔50元，以示警戒。卡米尔哪能吃得了这种亏，便气势汹汹地和主任理论，说："嘿，你凭什么罚我？你是不是平时看我不顺眼呀，你要是看我不顺眼就直说。”

主任一听，气不打一处来，很认真地说：“既然帮同事做一些事情、帮公司处理一些事务你会觉得自己吃亏，那么请你另谋高就吧，我们这里不欢迎你！我想，经理也会赞同我的说法。”就这样，卡米尔失去了工作。

由此可见，只要一见到好处就巴不得全揽到自己身上，一见到坏处就恨不得推给别人，吃了一点亏就丢掉了心平气和的姿态，冲动做事，沉陷在与人是非争斗、斤斤计较之中，往往会因小失大。

既然如此，吃亏时我们要努力让自己的心静下来，努力克制自己睚眦必报的冲动，把眼光放长远一些，暂时吃一点亏。吃亏不仅是一种聪明睿智的人生智慧，更是一方坦荡自若的做人方式。

清代著名的书画家郑板桥在写过“难得糊涂”之后又写了一个著名的字幅就是“吃亏是福”。吃亏怎么就“吃”出福气了呢？这是因为，不能吃亏的人过于精明、锱铢必较，这种心理会束缚他的心灵自由；而吃亏则换来的是心灵的平和与宁静，还可以轻松地化解人际间的摩擦和矛盾，让生活少些不必要的怨悔，这无疑是人生的幸福。

在某一个乡镇上，有这样两户人家是多年的邻居。后来东户家里有钱了要翻盖房子，为了让自己家的院子更宽敞一些，便谎称西家的墙占了他家一米的基地，要求西家将院墙往西移动一米。

西家的男人不肯吃亏，又不堪忍受东家的胡搅蛮缠，便提出要对簿公堂。这时，妻子劝说道：“当初秦始皇筑长城，他不肯让半分土地，现在虽然长城还在，而秦始皇又在哪里呢？让一米就让一米吧，邻里之间吃些亏有什么大不了。”

西家男人静心一想，觉得很有道理，于是便将自家的院墙挪了一米，结果东家在惭愧之余很是感动，最后不但将院墙挪回到原来的位置，而且西家无论有什么事情他都会主动帮忙。这样一来，两家的关系越来越和睦，还成为世交。

西家将院墙挪了一米，自己吃了一些亏，结果令东家惭愧又感动，将院墙挪回了原来的位置，影响彼此关系的问题解决了，邻里关系更和睦了。试想，如果西家不肯吃亏，在冲动之下真的与东家对簿公堂，甚至大打出手，那么最后即便是讨回了公道，两家的关系想必也好不到哪里去。

在现代社会巨大的竞争压力下，吃亏更是一种难得的境界，几乎所有的领导都喜欢办事得力、不计较个人得失的部下。要取得领导的信任，吃亏有时是无法避免的，这时候我们一定要静下心来，甘于吃亏，切勿冲动做事。

在不知情者眼里，艾森是一个幸运的人。要不然，她学历一般，能力也不出类拔萃，怎么能在短短三年时间里从人事部文员升到经理助理的位置，一路绿灯呢。只有艾森自己清楚，她的成绩完全是靠吃亏得来的。

刚进这家公司时，只有大专文凭的艾森是一个不起眼的人事文员。在这个部门，学历高、能力强的人才层出不穷，艾森自知自己没有什么优势，只有比别人更勤奋，因此她不仅努力做好自己的工作，还尽可能帮公司多做一些事情。

一次，办公室主任请病假，留下许多需要紧急处理的工作，经理要求人事部暂时接管主任的工作。从事这项工作要付出比平时更多的时间和精力，更关键的是没有工作报酬。人事部没有人肯吃这个亏，都以手头工作很忙为由委婉地推辞掉了，经理只好将这个“烫手山芋”扔给了艾森。

“为什么偏偏是我？就因为我是新人吗？”艾森觉得很委屈，也想像别人一样推辞，甚至想立马辞职，但是理智战胜了冲动，“同时处理好两份繁重的工作，虽然自己会吃一些亏，但这未尝不是一次很好的锻炼。接着，她认真地思考怎样提高工作效率，并很快制订了方案，最后成功地完成了任务，令领导极为赞赏。一年后，经理提拔艾森为经理助理，因为经理知道艾森这样的人担得起重任。

初入职场的艾森接到了“烫手山芋”，她情绪激动是人之常情，但幸好，她的理智战胜了冲动，心平气和地承担起了更多的工作，这样看起来她是吃亏了，但是她却学到了全面的技术和更多的经验，而且还赢得了领导的信任和欣赏，愿意把升职加薪的机会让给她，最终转“亏”为“福”。

人都是将心比心的，坦然地面对吃亏，换来的将是别人的尊

敬和拥护，如此一来，你做什么事情都不再会是难事！更何况，一个人幸福与否，往往取决于他的心境如何。如果我们用外在的东西换来了心灵上的平和，那无疑是获得了人生的大福气，这便是值得的。

吃亏的时候不冲动，多一份坦然、多一份豁达，肯吃亏、会吃亏，如此便涤荡了心灵，从而有了一个潇洒的转身，而人生就是在这样一次又一次洒脱的转身中，舞动出了一首精彩的华尔兹。

享受退一步的海阔天空

凡事要留有余地，给自己留条退路，就是给自己设计好出路。

俗语说“三思而后行”，这是告示我们，人生在世，做任何事之前都要认真地考虑一番。因为习惯冲动做事、孤注一掷的人，在意外发生时，往往会输得很惨、跌得很重，给生活增添无限的怨悔。

在美国西部掀起淘金热的时候，田纳西州的一位来自秘鲁的移民也蠢蠢欲动了。他心想：到了西部，等自己挖到了大把大把的金子，就可以住富丽堂皇的别墅，品尝天下的山珍海味。他被这种幻想冲昏了头脑，当即决定变卖所有的家产西迁。

“哦，你真的要变卖这里所有的东西吗？包括你的房子、你的山林吗？”朋友们认为他的做法有些不妥，纷纷对他提出建议，“不要这么冲动，你带上足够的资金不就可以了吗？给自己留条后路，万一你找不到那么多金子呢？”

“不，我一定会成为大富翁的。”这个秘鲁人坚决地变卖了所有的家产西迁，在西部买了80公顷的土地进行挖掘，希望能够找到金子。结果，他一连干了5年，不仅没有找到任何东西，最后连家底都折腾光了，不得不重返田纳西州。

当这个可怜的秘鲁人回到故地后，居然发现那里机器轰鸣、工棚林立，原来，被他卖掉的那个山林就是一座金矿，新主人正在挖山炼金。至今，这座金矿仍在开采，它就是美国著名的门罗金矿。

想到自己孤注一掷地丢掉了属于自己的东西，不仅令自己一无所有，居然还失去了一座金矿，秘鲁人后悔自己当初的冲动，但是又能怎么办呢？悔之已晚，他终日以泪洗面，郁郁寡欢，潦倒余生。

孤注一掷地丢掉属于自己的东西，很有可能会失去一座金矿。无论是在什么情况下，无论对事情有多大的把握，我们也不要冲动地做事，要静下心来，想到“最可能的极端的失败”，要想到失败后，自己是否还有退路可走。

也许有人会提出反驳：冲动一些未尝不可，没有退路更容易成功。西楚霸王项羽做事一向冲动，从来不给自己留后路，当年取得了巨鹿之战的伟大胜利，不就是因为破釜沉舟、一鼓作气吗？

诚然，不留后路有着置之死地而后生的力量，但是以“赌博”的心态押上自己的所有，以致日夜忐忑不安、夜不能眠，何来幸福？而冷静地思考一番，给自己留条后路，回旋的余地很大，相对而言心境就趋于愉悦与平稳。让自己轻装上阵，成功的概率也会更大，实在无奈失败，也会“海阔天空”。

维妮从小就爱好文学，一直想成为一名作家。大学毕业后，她如愿进入一家图书出版公司当起了合同制作家。当时，她冷静地做了一番打算，那就是万一作家当砸了，出来当个职业撰稿人也不错。

因为有了这条“退路”，工作对于维妮没有特别大的压力，她每天都能以愉快的心情面对工作中的事务。就这样，她在这家公司一干就是3年。直到后来，公司进行了一次人员整顿，维妮不幸失业。

辛苦工作了好几年，却没有得到出版业的“厚待”，维妮冲动之下想把自己多年来积攒的所有图书都当破烂一样卖掉。不过，她静下心来想一想，自己不是早就想好做个职业撰稿人吗，于是她继续坚持写作。

后来，维妮意外地获得了一个“上岸”的机遇，被一家全国500强的公司相中，并通过人事部门的公开考试，被录用为秘书，端上了年薪近10万元的“铁饭碗”。尽管如此，维妮依然决定保住自己的一块自留地——继续坚持业余写作，为未来留一条也许永远都用不上的“退路”。

不管面对什么事，都要留有一条退路。人生不是非生即死的“赌博”，不到逼不得已的绝境，聪明的人一般不会冲动用事、破釜沉舟，霸王别姬的悲剧更是只会在项羽这种有勇无谋的人身上重演。

没有想好退路就匆忙上路的人，往往会铩羽而归。给自己留一条退路，是看破世俗的豁达、是绝处逢生的机智，更是一种双赢的策略。留一条退路，你不会退缩，而是能够更加坚定地前行。因此，不要心急，不要冲动，凡事给自己留条退路吧。

人生在世，做任何事之前都要认真地考虑一番，冷静地思考一番，给自己留条后路，心境趋于愉悦与平稳，如此回旋的余地很大，成功的概率也会更大，实在无奈失败，也会“海阔天空”。

第四章
细雨湿衣看不见，闲花落地听无声
——以淡定之心缓和紧张

生活节奏愈来愈快，人们无论做什么事情都是匆匆忙忙的。遇到一些小事，又开始纠结紧张，担心自己是不是忘了做了。长此以往，心里的疙瘩越积越多，越塞越满，最终郁结于内，越来越不快乐。不如将心中的“垃圾”倒空，像山间小溪一样，唱一支欢快的歌。

停下来，感受花香

现代社会竞争异常激烈，为了不落后于别人，为了创造更美好的生活，很多人已经习惯了忙忙碌碌、你追我赶的生活，工作的琐事堆满案头，甚至来不及按时吃饭，日复一日、年复一年，惜时如金，箭步如飞。

殊不知，一味地追求速度，日程被排得满满当当，往往使神经时刻处于紧绷的状态下，精神被紧张、浮躁、不安和焦灼所折磨，少了一份从容，少了一份镇定，我们将会变得郁郁寡欢，根本来不及体验生活的美好。

自从被应聘到一家出版社工作后，杰克就一直是个“拼命三郎”：他每天的时间被稿件、传真、合同以及各种方案充塞得满满的，生活就像上足了劲的发条一样，即使是在周末他都会加班熬夜。因为太累了，杰克竟然在一天早上晕倒在众人面前。可就在卧床休息的几天里，他仍然在床上不分昼夜地赶稿子。外派工作时，他一连几天忙着走访市场，顾不上吃饭睡觉，竟然在总裁面前汇报工作时当场“失声”……

杰克就像在跑步机上行走的人，从来不曾停歇过，总是脚步匆匆、马不停蹄。终于有一天，生命的传送带还在继续运转，而前进的齿轮却坏了——杰克彻底崩溃了，他因大出血而住院。治疗期间，他对医生倾诉了自己的烦恼：“我时时刻刻都像是在和别人赛跑一样，每一天都是紧张兮兮的，我感到越来越累！有时候我甚至觉得像是有人拿枪对准我的头部，必须要立刻做这做那，否则就要开枪！”

杰克为何会有那种被人拿枪指着的感觉、健康状况亦极度恶化呢？这是因为他一味地逼迫自己赶路，过快的生活节奏使他在不知不觉中失去了平静，心仿佛永远无法平静下来，最终感到心力交瘁。

由此可见，当我们每天为了生活疲于奔命的时候，生活正离我们远去。既然如此，为何不能让自己的生活慢下来？为何不能让它优雅一些？诚然，我们不可能让世界慢下来，但我们至少能

够让此刻的自己松弛下来，让自己的心静一点。

放下快节奏的脚步，让自己的心静一点吧。很多时候，我们就是在一步步看似慢然的过程中体会到了从容镇定之美，感受到了生活的甜酸苦辣。这就像是旅行，不仅要跋山涉水走完旅程，更要懂得欣赏与流连。

一个哲人讲过这样一个故事。

上帝给我分派了一个任务，让我牵一只蜗牛出去散步。于是，我就照做了。在途中，尽管我走得很慢，蜗牛也尽力地爬，可每次总是只能挪动那一点点距离。于是，我开始不停地催促它、吓唬它、责备它。蜗牛也只是用抱歉的眼光看着我，仿佛在说自己已经尽力了。我恼怒了，就不停地拉它、扯它，甚至想踢它，蜗牛受着伤、喘着气，卖力地往前爬。

我想：这真是太奇怪了，为什么上帝要我牵一只蜗牛去散步呢？于是，我开始仰天望着上帝，天空一片安静。我想，反正上帝都不管它了，我还管它干什么？任由蜗牛慢慢往前爬吧，我想丢下它，独自往前赶路。我就放慢了脚步，想将它放下，静下心来……咦？我忽然闻到了花香，原来这边有个花园；我感到微风吹来，原来此刻的风如此温柔……而我以前为何都没有体会得到呢？我这才想起来，莫非是我犯了错误，原来是上帝叫蜗牛牵我来散步的……

心若静，尘自飞；心若安，尘自乱。如此，无尘的心便轻上天堂。“慢”步人生路，不是磨蹭，更不是懒惰，而是让时间不再时时刻刻都有棱有角，进而让心灵获得极大的放松。这里的“慢”是一种境界，一种回归自然、轻松和谐的境界。

“慢”步人生路，牵着心儿散散步吧！比如，每天早晨起来呼吸一下新鲜的空气、听一曲优美的曲子，抑或是在休息时给朋友送去自己亲手做的糕点，或者是陪着父母一同坐在电视机前说一些琐碎的家常，又或者一家三口一同出去郊游……

让自己的心安静下来，放下快节奏的脚步，牵着心儿散散步。很多时候，我们就是在一步步看似慢然的过程中体会到了从容镇定之美，感受到了生活的甜酸苦辣，内心的世界也会愈来愈无边际。

顺其自然，随心随缘

在自然界中，我们常看到水从上而下、从高到低，顺应地势流淌，顺能通之道而游。水似乎没有自己的选择，它只能顺其自然。但这种生存方式却使它拥有了一份平静之美，而且最终实现了归海的目的。

水是如此，人亦如此。但事实上，很多人不懂得顺其自然的道理，经常感叹命途多舛，抱怨命运不公，结果产生了紧张、郁闷、焦虑等情绪，显然，这种人的心是很难获得平静的，活得也不够从容镇定。

要知道，凡事都有着自己的发展规律，不会因为任何人而改变。外表再好不过是皮肉而已，老了还是长满皱纹；财富再多不过是身外之物，死了还是空有躯壳……所以，我们要时常静下心来，凡事顺其自然，不必刻意强求，如此你会发现，紧绷的心弦得到了放松，生活节奏不再紧张，即使事情不照自己的计划进行，地球也会照样转，生活也照样继续，而且还会获得意外的惊喜。既然如此，我们又何必百般思量、苦苦苛求呢？

有一则寓言，或许人人都能从中得到启示。

在山间的一座寺庙里面住着一个老和尚和一个小和尚。三伏天里，禅院的草地成片成片地枯黄了，小和尚对老和尚说："快撒点儿草种吧！好难看啊！"老和尚挥挥手说："等天凉了，随时！"

中秋到了，老和尚买了一包草种，叫小和尚去播种。秋风刮起，将撒下的草种吹得满天飞散，小和尚既着急又苦恼地跑进屋对老和尚说："师父，草种被风都吹走了。"老和尚回答："没关系，被风吹走的都是空的，即便撒下去也发不了芽。担心什么呢？随性！"

草种撒上了，一群小鸟飞来了，在地上专挑饱满的草种吃。小和尚看见了，紧张地大喊："不好了，撒下的草种都被小鸟吃了！"老和尚慢悠悠地说道："没关系，草种多，小鸟是吃不完的，随缘！"

半夜下起了暴雨，小和尚急忙穿衣出禅房，对着师父的房门喊："师父，不好了，草种都被雨水冲走了不少。"老和尚连眼睛都没有睁，淡然地说："不用着急，草种冲到哪儿就在哪里发芽，随缘吧。"

不久，许多青翠的草苗破土而出，原来没有撒到草种的一些角落里居然也长出了许多青翠的小草，一片生机。小和尚看到了，高兴地直拍手，老和尚却面不改色地点点头，说道："随喜。"

故事中，老和尚讲的"随"，就是指顺其自然。顺其自然是一种顺应天命、随遇而安的人生态度。正是由于知晓这种处世哲学，老和尚面对各种变化的时候丝毫没有紧张无措，而是显得从容不迫、镇定自若。

可见，顺其自然并非消极的等待，更不是听从命运的摆布，它更多的是指凡事不必刻意强求，心中保持清静，没有妄情、妄念、妄想，要让心境很平和，顺天而行，就要像小草自然地发芽、生长一样，不受尘世的任何束缚和约束。

顺其自然是一种超脱自由的生活态度，一种内心上的安定和淡然，它有利于我们放松紧绷的心弦，心平气和地看待红尘世界的万千变化，进而感受到生活的乐趣与意义，欣赏到生命中精彩的部分，切实地活出真我的色彩。

菲莉娜大妈是一位全职太太，她需要照顾全家人的起居饮食，负责买菜、煮饭、洗衣、打扫房间、带孩子等家常琐事。她总是暗示自己：情况紧急，必须立即做完每一件事。她从早到晚都忙得腰酸背疼，却总有做不完的事，心情抑郁无比。

一个雨天，孙女米娜放学回家后，把雨伞和鞋子放在门后，便坐到沙发上打开了电视机。“哦，天啊，你看你做了什么，地板上好多水渍，我要赶快把它擦干净！”菲莉娜大妈从厨房走出来，便要冲向门后。

“奶奶，请您休息一下吧，外面还在下雨，爸爸妈妈一会儿就回来了，那里还是会变得一塌糊涂的。待会儿再做这些事情不会影响什么的，现在您可以陪我照顾我的花儿吗？”米娜说。

“天啊，还有那么多活儿要做呢，我哪有时间陪你？”菲莉娜大妈无奈地耸耸肩，但看到米娜祈求的眼光，她还是陪孙女给阳台上的花儿浇水、松土等。直到家人都回家了，大家坐在一起吃饭、聊天，然后菲莉娜大妈稍稍打扫了一下就去睡觉了。

躺在床上的菲莉娜大妈感到从没有过的快乐，好像以前那些做不完的家务活都变得轻松了，一切都变得不一样了，到底是什么改变了呢？她也不知道，但是米娜从此有了一个不再那么匆匆忙忙的奶奶。

生活原本不必如此忙乱，在大多数情况下，人们是在自造紧张情绪。顺其自然，不去勉强别人，也不强求自己，你会发现自己很容易就能够从紧张的情绪中解放出来，而且可以获得内心的平和，从容愉悦地享受生活。

总归而言，顺其自然是一种坦然、随意的心境。当一个人能做到凡事不刻意强求、顺其自然地生活时，就能淡定自若地笑看潮起潮落，从容不迫地掌控自己的生活，亦会发现“沉舟侧畔千帆过，病树前头万木春”！

时常静下心来，凡事顺其自然，是经历了万千风雨之后的大彻大悟，是领略了人生峰回路转之后的身心空灵，如此，我们将能心平气和地看待红尘的瞬息万变，感受到生活的乐趣与意义，欣赏到生命中真正精彩的部分。

风雨兼程，只为心中的目标

如果我们留心观察身边的人，就会发现有些人精神饱满、朝气蓬勃、意气风发、魅力四射，而有些人却整天忙忙碌碌、晕头转向、垂头丧气。这本是智力相近的一群人，为何他们的生活会有天壤之别?

透过现象看本质，就会发现第一种人有一个为之奋斗的目标，而第二种人没有。他们不知道自己要到达什么地方，像一只只离群的孤雁，像迷途的羔羊，处在十字路口上急得团团转却迈不开脚步，在迷茫、焦躁、苦闷中煎熬着，蹉跎了岁月，虚度了人生。

如果你不信，那么我们不妨来看这样一个小故事。

贞观年间，有一匹马和一匹驴子是好朋友，马在外面拉东西，驴子在屋里推磨。后来，这匹马被玄奘大师选中，经西域前往印度取经。

17年后，这匹马驮着佛经回到长安，它重到磨坊会见驴子朋友。老马谈到这次旅途的经历：浩渺无边的沙漠、高入云霄的山岭、凌风的冰雪、热海的波浪……那种神话般的境界，让驴子听了大为惊异。

驴子惊叹道："这些年来，你积累了这么丰富的经历呀！你真伟大，那么遥远的道路，我连想都不敢想。唉，更糟糕的是，我每天都忙忙碌碌，得不到片刻的清闲，真不知道这样的日子什么时候才是头。"

"其实，"老马说，"我们走过的距离大体是相同的，当我向西域前进的时候，你也一步没有停止。不同的是，我同玄奘大师有一个遥远的目标，按照始终如一的方向前进，所以我们到达了一个广阔的世界。而你被蒙住了双眼，一生就围着磨盘打转，所以永远也走不出这个狭小的天地。"

通过这个寓言故事我们不难理解，老马因为有目标而始终如一地向西域前进；驴子则没有目标，只是围着磨盘打转，始终走不出那个狭隘的天地，尽管它一生所跨出的步子和老马相差不多，但依然碌碌无为。

现实生活中，很多人做事有时候会漫无目的，只是为了做事而做事，为了填充心中的空虚和恐慌而忙碌。到头来，时间过去了，精力付出了，却没有得到很好的效果，心情越来越紧张，甚至将事情越弄越复杂。

相反，心静如水、排除一切杂念、心中有目标的人，自会深谋远虑、未雨绸缪，如此也就能从容镇定、心无旁骛地付诸所有的努力去实现那个既定的目标，任凭雨打风吹，没有穿不过的风雨、涉不过的险途。

的确，只有在心中先有一个明确的目标，一切才会变得简单、明晰，做事的时候才不会被各种条件和现象所迷惑，才能获得一颗沉静如水、波澜不惊的心灵，才不会在风云四起、变幻莫测之时紧张无措。

公元前212年，古罗马军队突破城防，攻进了叙拉古。当罗马军队的士兵一脚踢开阿基米德的房门时，这位75岁的老科学家蹲在地上，正用双手托着下巴，聚精会神地研究画在地上的几何图形。

罗马士兵声嘶力竭地吆喝，故意将图踩坏。

“喂，你们踩坏了我的图，赶快走开！”阿基米德发怒地说。

凶神恶煞的士兵毫不理会，把剑指向了他的头颅。

阿基米德明白了将要发生的事情，他毫无惧色地用手推开了剑，坦然自若地说：“等一下杀我的头，再给我一会儿工夫，让我把这条几何定律证明完毕，可不能给后人留下一道还没有求解出来的难题啊！”

说完，阿基米德又沉思起来，继续研究着地上的几何图形。然而，无知而又残暴的罗马士兵不由分说，还是一剑砍下了阿基米德的头颅。

面对罗马士兵砍头的侵犯，阿基米德的反应无疑是震人心魄的。不过，他为什么能够如此不慌不乱、镇定自若呢？就是因为他心中有目标——他要将那条几何定律证明完毕。这让他沉静如水，即使危难降临也波澜不惊。

爱默生说："一个朝着自己的目标永远前进的人，整个世界都给他让路。"的确，当有了明确的目标时，我们做事的动机就会得到维持和加强，我们会排除一切杂念，心无旁骛地付诸所有的努力去逼近那个既定目标。

在这纷繁复杂的世界里，从"昨夜西风凋碧树，独上高楼，望尽天涯路"，到"衣带渐宽终不悔，为伊消得人憔悴"，再到"众里寻她千百度，蓦然回首，那人却在灯火阑珊处"，都应该心中有目标。

需要注意的是，目标一定要简单明了。简单明了的目标就像一个看得见的靶子，当我们一步一个脚印地向其逼近时，就会积累出越来越多的成就感，沉淀出越来越厚的平实心，如此我们也就更有机会得到自己想要的东西。

知道目标的重要性是好的，但是成功不在于你知道多少，而在于你做了多少。为自己树立一个目标，并坚定地坚持下去，如此，相信你一定能够不慌不忙地处理好各种复杂的红尘世事，活得从容淡定。

保持一颗沉静如水、波澜不惊的心灵，在心中先有一个明确的目标，一切才会变得简单、明晰，做事的时候才不会被各种条件和现象所迷惑，才能在风云四起、变幻莫测之时不慌不乱、从容镇定。

宁静平和，闲看庭前花落花开

2008年8月17日，北京奥运会50米气枪三姿决赛。13时51分，在众人瞩目下，美国选手埃蒙斯举枪、瞄准、击发，最后一枪打出4环，全场的观众都惊呆了。

在此之前，在所有人看来，金牌已经没有悬念，因为埃蒙斯一路领先，其总成绩已领先第二名4环多，只要他最后一枪打出7环——一个在步枪射击中的业余水平，金牌自然就会让他收入囊中。这对于一个射击名将来说，简直易如反掌。

但最后一枪，埃蒙斯居然打出4环的“意外成绩”。全场以及屏幕前所有的观众都惊呆了。现场直播的解说词也足以有两三秒的停滞。埃蒙斯的名次一下落到第四，中国选手邱健在落后埃蒙斯约5环的情况下意外夺金。

在一片不知所措的惊叹声中，时光一下逆流到4年前，回到了2004年8月22日的雅典马可波罗射击场。那时，2号靶位的埃蒙斯同样以绝对优势超越所有选手，最后一枪他只要得到不低于7.1环的成绩就能夺冠，但最后一声枪响后，子弹竟然飞到了3号靶位上，金牌最终属于中国选手贾占波。

相同的项目、相同的情形、相同的结果，用解说员无奈的话说就是“历史总是惊人的相似”。包括埃蒙斯自己在内的所有人都没有想到，噩梦就像幽灵一样，从雅典追到了北京，上帝再一次拨动了他的枪口。

是什么让埃蒙斯屡次失手呢？他太想成功了、太想取得奥运会金牌了，结果他的精神长时间处于高度紧张之中，中枢神经的工作受到严重干扰，进而影响到了他正常的行动力，最终功亏一篑。对此，心理学专家甚至把其称为“埃蒙斯魔咒”，意为过于渴望成功而造成紧张，致使很多人在关键时刻“掉链子”。

其实，“埃蒙斯魔咒”在多数人的生活中都存在。比如，台下准备得滚瓜烂熟的主持词，一上台却紧张到忘得一干二净；科学家即将完成一项研究了很多年的实验，却在最后一步的时候因为一个极小的错误而失败。

我们再来看一个真实的例子。

美国曾有一个著名的杂技演员叫华伦达，他最拿手的杂技是在高空走钢索。华伦达走在高空钢索上，用“如履平地”来形容丝毫不夸张。然而，正是这样一个技艺高超的杂技演员，在一次重大的表演中不幸失足身亡。

那次观看表演的观众都是美国的知名人物，演出成功不仅会奠定华伦达在杂技界的地位，还会给他的表演团带来滚滚财源。十几年的梦想，终于近在咫尺。华伦达紧张极了，上场前不停地说："这次表演太重要了，我一定要走好，决不能失败。"

事后，华伦达的妻子说："我知道他这次一定要出事，因为他太在乎这次表演了，他把很多精力用在避免掉下来上，而不是用在走钢索，结果他的心不再宁静，行动不再稳健。是他那颗追求成功的心，制约了他能力的发挥。"

太想穿好针的手忍不住会颤抖、太想踢进球的脚忍不住会颤抖、太想在面试中胜出的嘴会颤抖……因为那些人太期待成功了，不能保持一份平和的心态，因此变得精神紧张，出现了严重失常的表现。

那么反过来说，如果我们能够时常让心静下来，保持住一颗平和淡定的心，保持波澜不惊的镇定，如此心就不再被紧张的情绪所裹挟，就能谋定而动、清静而为，不激进、不懈怠，想必功到便自然成。

在这一点上，郭晶晶做得非常好。

2004年雅典奥运会上，在女子3米板单人跳水比赛中，郭晶晶在预赛中的成绩不是排在第一，人们都紧张地为她捏了一把汗，有记者问她有没有压力。郭晶晶看上去非常冷静和从容，笑着回答道："自己发挥好了就行了，比赛中没有必要想得太多，事先也没有想拿金牌，就是想完全把自己放开。"

最后一跳至关重要，直接决定比赛成绩，跳板上的郭晶晶始终面带微笑，还平静地理了理头发，走板起跳，向外翻腾一周半接转体两周半，利落地完成动作后，“刷”的一声入水，现场的五星红旗立即挥舞不止。

拿到自己的第一枚奥运会金牌，领奖台上的郭晶晶没有激动地流泪、纵情地欢呼，只是淡淡地微笑、轻轻地挥手。正是这种对成绩的淡然，让她继续在跳水界保持了良好的状态，用奥运会4金2银书写了国际体育史上的传奇。

郭晶晶之所以没有遭遇“埃蒙斯魔咒”，取得了骄人的成功，很大程度上在于她拥有一颗安静的心，能平和地面对比赛成绩。试想，如果她一心想要夺取金牌，她还能以轻松的心态参加比赛，还能发挥出真实的水平吗？答案不言而喻。

每个人都急切地想要成功，都梦想着人生呈直线上升，这是常有的状态，但是切记要尽量保持平和的心态，对成功不要过于苛求，如此，你将获得平静如水的淡定，最终将理想变成唾手可得的现实。

波澜不惊，漫随天上云卷云舒

遇到紧急情况时，你是否总是会表现得惊慌忙乱、手足无措？你是否时常感到莫名的恐惧、很容易被激怒？你是否对慌张的生活节奏厌恶至极？你是否在很多人面前发言的时候感到紧张、

烦躁？

这些紧张情绪，源自我们的内心不够淡定。但要知道，它们对解决问题没有丝毫的帮助，只会令我们愈加紧张、事情愈加糟糕。我们唯有静下心来，保持内心的淡定，积极开展行动，才是战胜种种困难的最好方法。

一位茶师被告知将随主人远行一趟，为防止遇到坏人侵扰，不会武艺的茶师穿了一身武士服。谁知，刚走到闹市上就遇到了一个武士，武士热情地和茶师切磋武艺。得知茶师根本不会武术时，他气愤地说："你有辱我们武士的尊严！给你一些准备时间，今天下午到城墙来受死吧。"

茶师吓得战战兢兢，紧张得要命，但深知躲是躲不过去了，便直奔城里最著名的大武馆，拜倒在武师面前，把与武士相遇的情形复述了一遍，求武师教给自己一种作为武士的最体面的死法，好让自己死得有尊严一点。

武师说："那好吧，你就为我泡一遍茶，然后我再告诉你办法。"

"这可能是我在这个世界上泡的最后一遍茶了。"茶师很是伤感，于是他做得特别用心，很从容地看着山泉水在小炉上烧开，然后把茶叶放进去，洗茶、滤茶，再一点一点地把茶倒出来，捧给武师。

武师一直看着他泡茶的整个过程，他品了一口茶说："这是我有生以来喝到的最好的茶了，我可以告诉你，你已经不必死了。

其实，我不用教你什么方法，你只要记住用泡茶的心态去面对那个武士就行了。”

茶师拜谢过武师后，前往赴约。那名武士已经等在那儿了，气势汹汹地看着茶师。茶师一直想着武师的话，只见他笑着看看武士，然后从容地解开宽松的外衣，一点一点儿叠好，又拿出绑带，把里面的衣服袖口扎紧，然后把裤腿扎紧……他从头到脚不慌不忙地装束自己，一直都气定神闲。

茶师的眼神和笑容让武士越来越紧张、越来越恍惚、越来越心虚。等到茶师全部装束停当，正准备拔剑时，只见武士“扑通”一声给他跪下了，说:“求您饶命，您是我这辈子见过的最会武功的人。”

不会武艺且手无缚鸡之力的茶师从容、笃定的气势，彰显了退敌无数、自信满满的状态，结果做到了“不战而屈人之兵”。这个故事启迪我们，拥有一份安宁祥和的心境远比许多外在的修炼重要得多。

的确，当遇到人生中一些突发事情时，一味地惊慌是于事无补的，唯有在最短的时间内让自己静下心来，才能理性地看待所遇到的困难，认真地分析当前的困境，找出矛盾与症结所在，最终得出解决问题的方案。

赵刚温文尔雅，蒋钦善解人意，两人还有一个可爱的女儿，三人过着安宁的日子。但是，细心的蒋钦发现最近丈夫有些心不在焉，看自己时眼光也是躲躲闪闪的，她意识到自己的婚姻出了问题，是哪里出问题了呢？

一天，蒋钦突然接到一个陌生女人的电话，对方说："我是乔，我和赵刚很相爱，你们离婚吧！"通过向赵刚的好朋友打听，蒋钦了解到丈夫在大学里曾经和乔有过一段刻骨铭心的恋情，后来因家里反对结束了恋情，一个多月前两人偶遇，并很快亲密地走到了一起。

知道了这件事情之后，蒋钦心里"咯噔"一声，看来自己的婚姻遇到危机了，这可如何是好呢？该去责骂赵刚吗？该去咒骂乔吗？再三思虑后，蒋钦没有吵，也没有闹，反而对丈夫比以前更加体贴、更加温柔。

面对妻子，赵刚心想：明明是自己做错了事情，妻子却没有一丝敌意，要伤害这么一位细心照顾了自己十多年的善良女性，自己怎么忍心呢？很快，赵刚向乔表明了自己的态度，也断了联系，这场婚姻危机总算化解了。

面对丈夫的背叛，几乎每个女人都会感到惊慌失措。但是，蒋钦努力让自己平静了下来，选择以淡定的心态来面对危机，最终用自己的温情化解了危机，夫妻关系进一步得到了升华，实在是令人佩服。

由此可见，遇到问题的时候，逼迫自己安静、安静、再安静。练就一份波澜不惊的淡定，方能理性地看待世事，方能理性地看待自己，方能让你不会因为生活的一时波澜而乱了方寸，最终以柔克刚、克敌制胜、驾驭生活。

——• 放下压力，跟着心灵去旅行 •——

物价上涨、工资太低、工作繁重、孩子太小需要照顾、子女升学、住房问题没有解决……现代社会充满了无数的竞争和挑战，随之而来的便是工作和生活方面的压力，可以说压力几乎无处不在。

适度的压力可以促人奋发图强、激发潜能、成就梦想，但是，如果压力过大的话，我们的心便难以宁静、坦然，往往陷入极度紧张、苦闷和失望的情绪中。当压力超过一定限度时，还会产生意想不到的后果。

很久以前，在一个方圆几十里的大村落里，人们过着自给自足的幸福生活。突然有一天，死神向这个村落走去。

“你要去做什么？”村里的一位老人问道。

“我要去带走100个人。”死神平静地回答说。

“太可怕了！”老人说。

“事实就是这样。”死神说，“我必须这么做。”

这位老人急忙跑去提醒所有人，死神即将来临，而且他要带走100个人的生命。于是，村里的人们陷入了无限的恐慌中。

第二天早晨，这位老人又碰到了死神，他非常不满地质问：

“你告诉我你要带走100个人，为什么村落中一夜之间竟然死了1000个人呢？”

“我的确照我说的做了。”死神回答，“我带走了100个人，而压力带走了其他那些人。所以，这不是我的错。”

可见，有时人因为压力而感到忧虑，其实并非真正的压力所致，而是自寻烦恼。人为地夸大压力，甚至会让人丧命。

死神想带走100个人，怎么到最后会有1000个人丧命呢？这是因为人们都担心自己会是100个人中的一位，精神过于紧张而致。或许这个故事有些夸张，但是它告诉我们，过度的压力可以压垮一个人的精神和身体，它比死神更可怕。

每个人的生活中都有压力，面对同样的压力，为何有的人不仅没有愁眉苦脸、恐慌烦躁，反而能够在压力之下活得轻松自在，奋发图强，成就梦想呢？我们不禁要问：难道那些轻松的人有什么异于常人的智慧？

其实，这些人如你我一样，都是普普通通的老百姓。只不过，他们能时刻保持一颗冷静的心，懂得自己释放内心的压力，能戒除焦虑等负面情绪，使自己不受其害，进而保持一个健康的身心。

关于压力，有一句经典的话：“压力是一块石头，对于弱者，它是绊脚石；对于强者，它是垫脚石。”你是弱者，还是强者？如何把压力变成垫脚石呢？很简单，那就是静下心来、放下压力、放宽心态。

一个被压力所困的年轻人找到大学时期的心理学讲师，希望老师可以告诉自己如何正确对待压力。

老师递给他一杯水，问道："你说这杯水有多重？"

年轻人有点儿不屑地摇摇头，说："很轻，也就20克。"

老师没有再多说什么，而是一直让他举着。过了一段时间，又问："重吗？"

这时，年轻人举杯子的手已经感觉有些酸痛了。他换了一下手说："感觉很重，好像有500克。"

从20克到500克，两次回答，悬殊竟然这么大。

老师说："其实杯子的重量没有发生任何变化，变化的是时间。同一个杯子，举的时间越长，你感到的分量就会越重。"

年轻人若有所思地听着老师的话。"倘若我们总是将压力扛在肩上不放，压力就像水杯一样，会变得越来越重。早晚有一天，我们将不堪其重。而正确的做法是，放下水杯，休息一下，以便再次举起它。"

年轻人这才恍然大悟：勇于放下压力，才能让自己一身轻松。

放轻松一点儿，适当地放下压力，这不是在向困难低头，也并非是向命运妥协，而是为了获得内心的安宁和平静。这样，我们的心就富有了"弹性"，就能始终从容不迫、游刃有余地张弛命运之簧，弯而不折、曲而不断。

这是一种至高至善的人生境界，打一个形象的比喻，这就像大自然中的雪松一样，每到暴风雪逼近时，它那富有弹性的枝丫就会弯曲，使雪滑落下来。因此，无论雪下得多大，雪松始终完好无损。

总而言之，生活中的压力并不可怕，可怕的是不会放下压力。当我们的心过于紧张时，不妨静下心来放下压力。当你不被压力左右、内心安宁平静时，即使生活中有再大的风暴、面临更高更大的挑战，你也能从容镇定地应对。

第五章
山穷水尽疑无路，柳暗花明又一村
——以淡定之心冲破绝望

“世上没有绝望的处境，只有对处境绝望的人。”当我们面临绝境的时候，千万不可自暴自弃、自怨自艾，而应该以一种淡定平和的心态来面对。要坚信上帝为我们关上了一扇门，但是他同时也开了一扇窗。只要淡定下来，就会发现这扇窗原来就在我们身边。

山不就我我就山

在我们的生活中，有太多的事情就像“大山”一样，是我们无法改变的，或者至少是暂时无法改变的。这时候，我们总是抱怨现实世界的不尽如人意，心痛、无奈的情绪在心里盘旋，绝望地等待着被世界“宰割”的命运。

然而，改变世界的目标太大，何不从自身开始。改变自己，你会发现路还是原来的路，境遇还是原来的境遇，但是路和境遇所给予你的感受截然不同了，有一种“柳暗花明又一村”的感觉。

下面是一个关于牧师、男孩、地图与世界的故事。

一个星期六的早晨，牧师正在准备第二天的布道。他的妻子有事出去了，小儿子在家哭闹不休，严重扰乱了他的思路。心烦意乱中，牧师随手拿起一幅色彩鲜艳的世界地图，把它撕碎并且丢在地上，对他的儿子说：“小约翰，你如果能把这些碎片拼起来，我就给你两角五分钱。”

在牧师看来，把那些杂乱无章的碎片拼起来会花掉小约翰一个上午的时间，但没过10分钟，约翰就来敲他的房门。牧师看到小约翰如此之快地拼好了一幅世界地图，十分惊奇：“孩子，你是怎样成功的呢？”“这很容易。”小约翰慢腾腾地说，“地图的反面有一个人的照片，我试着把这个人的照片拼到一起，然后把它翻过来。我想，如果这个人拼对了的话，那么这个世界地图也就拼对了。”

牧师微笑起来，他一边爽快地递给儿子两角五分钱，一边高兴地说：“儿子，谢谢你，你启发了我！明天的布道，我知道该讲些什么了——如果一个人是正确的，他的世界也就是正确的。”

如果我们自己是正确的，那么这个世界就是正确的。换一句话说，当这个世界看起来很不尽如人意的时候，很有可能是因为你是错的。做出积极乐观的改变，只要自己改变了，世界将会变个模样，人生会是另一番景象。

下面再来分享一个小故事。

在一片丛林中住着一只喜鹊。有一天，喜鹊正在忙于收拾家当准备搬家，恰好被百灵鸟看到了，于是百灵鸟问喜鹊："你要搬到哪里去？"

"唉，我要搬到东边的树林去。"喜鹊回答道。

百灵鸟又问："你刚到这里还不到一个月，而且住得蛮好的，为什么要搬呢？"

喜鹊叹了一口气，伤心地回答道："你有所不知，我这已经是第三次搬家了，以前林子里的鸟儿们都说我唱歌的声音特别难听，这片林子的鸟儿也讨厌我的歌声。所以，我必须搬家，找一个喜欢听我唱歌的地方。"

"那么，你……"百灵鸟沉吟了一会儿，接着说道，"你有没有想过大家不喜欢你唱歌是因为你的确唱得不好听呢？要知道，如果你还是像现在一样唱歌，无论你搬到哪个林子里，大家都不会喜欢你呀。"

听了百灵鸟的话，喜鹊恍然大悟，于是它尝试着改变了自己唱歌的声音，结果很多鸟儿开始喜欢听它的歌声，并将它推崇为林子里的"金嗓子"，这下喜鹊再也不用搬家了，过起了幸福快乐的生活。

喜鹊只想着其他鸟儿不喜欢自己的歌声，却没有想到是因为自己唱得太难听，于是不停地搬家，费神费力。后来，它在百灵鸟的点拨下改变了自己唱歌的声音，受到了大家的欢迎，过上了幸福的生活。

由此可见，世界上并不只有你一个人改变，地球也不只是为你而转，不可能所有的事情都按照你的意愿发展。面对一个强大的、你不喜欢的环境，任何的反抗和逃避都是徒劳的，唯一的、最好的办法就是改变自己。

处于什么样的环境并不重要，重要的是你的选择：是选择软弱地屈服于环境，绝望地等待世界的改变，还是豁达乐观地面对不如意，用毅力去改变自己，进而达到改变世界的目的，就看你如何把握了。

改变自己是生存的必要保证，特别是在世界日新月异、一日千里的新经济时代，只有不断地改变自己，才能应对眼前的各种不如意，并且随时应对世界的巨变，这也是我们取得发展、获得成功的明智之选。

余品超在一家贸易公司上班，他经常感叹自己生不逢时，整天过着苦闷的生活。一次，他忿忿地对朋友抱怨："我到公司工作一年多了，老板不提拔我不说，连工资都不给我涨，我觉得在公司没有前途。"

余品超的这位朋友是一个事业比较成功的人，他沉默了一会儿，对余品超说："要我说啊，你应该把商业文书和公司组织完全搞通，甚至连怎么修理影印机的小故障都学会，然后再辞职不干。"

见余品超不解地望着自己，朋友解释道："你们公司怎么着也算一个大公司，你豁达乐观一点，把公司当做免费学习的地方，把什么东西都学通了之后再一走了之，不是既出了气，又有许多收获吗？这样才值。”

余品超听从了朋友的建议，从此便勤奋研学，甚至下班之后还留在办公室研究写商业文书的方法。半年后，他找到朋友，欣喜地说：“近半年来，老板对我刮目相看，最近更是不断给我加薪，并对我委以重任，我已经成为公司的红人了。”

“这是我早就料到的。”他的朋友笑着说，“当初你的老板不重视你，是因为你的能力不足，却又不努力工作，没有业绩；而后你痛下苦功，能力提高了，又能为公司创造效益了，自然就改变了老板对你的态度。”

余品超的待遇为何发生了改变呢？是他所在的公司不一样了吗？是他的老板换了人了吗？不是！公司是同一家公司，老板也没有变，是余品超自己发生了改变，他的工作态度主动热情，能力日益提高，老板自然对他刮目相看。

无论周围的环境有多么不尽如人意，人生之路充满了多少未知的因素，最明智的做法就是承认环境的存在，静下心来好好想想自己需要做出怎样的改变。改变自己、改变世界，新生活从此刻开始。

病树前头万木春

人生有很多事情，在意想不到的时候就来了。在这种突发的危机中，不少人会惊慌、手无足措，认为不管自己做什么事情都没有用。这种消极的信念蔓延开来，会让他们觉得自己无力、无望，甚至无用。

如果你要想掌控自己的命运，如果你想获得卓尔不凡的人生，就千万不可有这样绝望的信念。因为某件事情这一方面的危机，也许正是另一方面的契机。

静下心来想一想，所谓“危机”，“危”是危险，“机”是机会，危险里面有机会，机会里面带有危险。也就是说，你可以说危机是 100% 的危险，也可以说它蕴藏着步步活棋，有无限的契机在里头。

这里有一个小故事。

一天，农夫的一头驴掉进一口枯井里，农夫绞尽脑汁想救出驴，但几个小时过去了都无济于事。最后，这位农夫决定放弃，他想这头驴子年纪大了，不值得大费周折去把它救出来，不过无论如何，这口井还是得填起来。

于是，农夫请来左邻右舍帮忙一起将井中的驴埋了，以免除它的痛苦。农夫的邻居们人手一把铲子，开始将泥土铲进枯井中。当这头驴子察觉到自己的处境时，它在井里恐慌、痛苦地哀号着，不一会儿，它居然安静下来。几锹土过后，农夫终于忍不住朝井下看，眼前的情景让他惊呆了：泥土不停地倾泻到井中，驴子将泥土抖落在一旁，然后站到铲进的泥土堆上面。

农夫高兴极了，于是加快了填土速度。就这样，没过多久，驴子便上升到井口。它用力地抖了抖身上的泥土，纵身跳出了原本绝命的枯井，然后在众人惊讶不已的表情中得意地跑开了。

人生的旅途中，我们难免会陷入“枯井”，各式各样的困境就像是不停掉落的土，叫人无法躲闪，有时候一连串地压在我们身上，无声无息地将我们揽入，而我们能否挺过那片黑暗？又能否活着等来救援？这时候，如果我们惊慌或者放弃，恐怕就只能陷在井中，无法脱困；假使我们能够静下心来，豁达乐观地面对，就会发现这些“泥沙”恰恰是能够帮助我们脱困的垫脚石。

正所谓“祸兮福之所倚，福兮祸之所伏”，每一种改变都会产生两种结果，一种是正面的，一种是负面的；即使是负面的，也同时会带来一次机会，那么在一定的条件下，危机也可能成为发展的机遇。

因此，不难总结出一个结论：只要我们能够在危机时时刻保持冷静，用心去捕捉危机中的转机，我们很有可能会从中发现契机，化危机为机会，最终化险为夷、突出重围，实现新的飞跃，这正是我们能否成功的关键。

明朝永乐年间，著名工匠蒯祥被明成祖安排负责皇宫的改建。一个雷雨交加的夜晚后，蒯祥第二天早上来到工地时，不禁大吃一惊：已接近完工的宫殿大门槛的一头被人偷偷地锯短了一段，更糟糕的是工期将至，且已经没有可以重建的同样材料。

要知道，这样的事情足以使人掉脑袋，蒯祥的处境一下子变得危险了，旁边的人都暗自为他捏了一把汗。但蒯祥努力让自己冷静了下来，因为他知道现在抱怨或叫苦都是没有用的，唯有想办法弥补、消除危机才是最关键的。

一番冥思苦想后，蒯祥忽然想出一个别样的办法：把门槛的另一头也锯短一段，使两头的长度相等；同时，在门槛的两端各做一个槽，使门槛可装可拆，成为一个活门槛。他还准备在门槛的两端各雕刻一朵牡丹花，既可以遮掩两端的槽，又能使门槛色彩鲜艳，显得更加富丽堂皇。

到了工程完工的那一天，明成祖亲自带领文武百官来验收。他看到宫殿的门槛是活动的，拆掉门槛后，轿子和车马可以直进直出，比固定的门槛更加方便，而且门槛两端雕刻的牡丹花装饰得也十分漂亮，便对蒯祥大加赞扬和赏赐。

一夜之间，宫殿的门槛被锯短，将蒯祥置于性命攸关的危机之中。幸好蒯祥没有慌乱绝望，而是通过冷静的思考，将门槛改成可装可拆的活门槛，化危机为机会。这一变局的转化，不仅保住了自己的脑袋，还成为我国建筑史的一段佳话。

可见，危机并不可怕，可怕的是对危机心存畏惧、怨天尤人、坐以待毙。在危机面前，只要我们振作精神、冷静面对、认真思考，就有可能捕捉到危机中的转机，采取积极的行动，给自己支撑起一片朗朗晴空。

最大的危险中通常蕴涵着最大的机会。危机发生了，在他人尚处在情绪混乱、头脑困惑的状况中时，成功人士似乎更懂得在无秩序中冷静思考，用心捕捉危机中的机会、调动并挖掘自身的潜能，隐藏在危机中的契机自然而然就会显露出来。如果我们能够使危机成为机会，走向一个新的开始，那么世界上还有何事会做不成？只怕想不成功都难。

现实生活中，这样的例子比比皆是。

杨格是美国新墨西哥州高原地区的一位苹果园主。由于高原的气候独特，少有污染，这里的苹果味道鲜美，大批水果经销商与杨格签订了订货合同。每年秋天，杨格都会将上好的苹果装箱发往各地。

可是天有不测风云，有一年，高原上突然下了一场特大的冰雹，把结满枝丫的大红苹果打得遍体鳞伤。这时候苹果已经订出9000吨货，如果到时间发不出货，会影响自己的信用，会砸了自己的牌子；如果把被冰雹砸过的苹果发给经销商，大家不满意，同样是砸自己的牌子。这可怎么办？

杨格来到苹果园，面对满地伤痕累累、创伤严重的苹果，心事重重地踱着步子，该怎样走出这注定是“惨重损失”的“绝路”

呢？他俯下身来拾起一个打落在地的苹果，揩了揩沾上的泥咬了一口，意外地发现，苹果清香扑鼻、酣浓爽口。

顿时，一个绝妙的主意萌生了。杨格果断地命令手下集中力量立即把苹果发运出去，同时在每一箱都附上一个简短的说明：“朋友，这批货个个带伤，但请看好，这是冰雹打击的疤痕，是高原地区产出的苹果的特有标记。这种苹果果紧肉实，具有妙不可言的果糖味道。如果不信，便可亲口尝尝做个比较。”

收到这种带伤的苹果后，经销商们半信半疑，但是亲口尝过之后，果然发现这种苹果味道特棒，真是高原特有的味道。从此，经销商们更加愿意和杨格做生意了，还专门要求提供带伤疤的苹果。

市场上，多数人不喜欢“伤痕累累”的苹果，这的确是让人无奈的事情。不过，杨格没有绝望，而是细心地发现了这种苹果的优势，把疤痕当作好苹果的标志，巧妙地改变了自己的处境。看完故事，我们不得不佩服这位天才的创意。

也许你不知道，我们现在用的吸水纸，当年就是因为一位造纸工人在生产书写纸时不小心弄错了配方，生产出了一大批无法书写的废纸。面对巨大的失误，那位造纸工人静心思考：纸张无法书写，但它们的吸水性很好。于是他将这些废纸切成小块，做成了“吸水纸”。申请专利之后，他也从一个小工人变成了大富翁。

古人云：“善用物者无弃物。”任何事情、任何事物并非一无是处、毫无价值，劣势的背后蕴藏着诸多优势，重重危机之中隐藏着步步活棋。怎么“善用”、怎么“走棋”，一切就全靠你自己了。

因此，在危机面前，我们不要做大呼小叫、苦坐等待的旁观者，静下心来，保持相对的冷静和勇气吧。用心捕捉危机中的转机，并利用自身的智慧和才能将负面的变局化为正面的转机，这是我们下一个成功的开始。

冬天来了，春天还会远吗

常言说“祸兮福之所倚，福兮祸之所伏”、“人有悲欢离合，月有阴晴圆缺，此事古难全”，几乎没有谁的生活是一帆风顺的，整个人生就是一个或喜悦或悲伤、周而复始的过程，以达到某种程度上的平衡。

上天是公平的，在关闭一扇门的同时，已经悄然为你打开了另一扇窗。既然如此，与其在原来的门前流连忘返，落寞和失望、痛苦和绝望，不如学会静下心来寻找上帝为你早早预置的另一个人生出口。

自古文人雅士的飘逸，无不印证了这一点。

蒲松龄，清初山东人。由于出身于一个逐渐败落的中小地主兼商人家庭，家境优越，蒲松龄自小志存高远，安心学习，以图通过考取功名而飞黄腾达、一展雄才，但其命运不济，四次赶考都落第了。

蒲松龄意识到自己不适合科举考试，这让他多少有些绝望。不过，蒲松龄是一个聪明人，他心想：既然自己走不进官场，那么在其他的地方就有可能做出一番作为，何必为此黯然神伤呢？不如好好静思自己的人生之路。后来，蒲松龄弃官从文，走上了文学之路，并且立志写出一部“孤愤之书”。

经过一段时间的潜心写作，一部著名的文言文短篇小说集《聊斋志异》终于写成。随着《聊斋志异》的广泛传播，蒲松龄的声望与交游日渐扩大，受到了众多文人官士的认可和青睐，实现了飞黄腾达的梦想。

蒲松龄试举落第，与仕途无缘，这是上天为他关上的一扇门。静心思索后，蒲松龄放弃从官之路，弃官从文，找到了上天为他打开的另一扇出口，最终实现了飞黄腾达的梦想，为后人留下了宝贵的精神财富。

在困境面前，我们总是有种走入死胡同的感觉，似乎怎么都逃不出去，于是抱定绝望的心态。然而，这一切都只是错觉，当你静心静思，对自己进行重新定位，就能找到另一个人生出口。这样一来，你就能走出这条死胡同，就能绝处逢生，走向生命的开阔之处。

每个人的生命中都潜藏着许多好机会，一个机会失去了，在另一个地方你还有机会。只要你把握机会，就能为自己打造一片蓝天。

这里有一个真实的例子。

自从得知自己将要参加最危险的海军陆战队后，青年莱科每天都一副忧心忡忡的样子，他觉得自己的生命好像交给了别人，自己随时都会有闭上眼睛的那一天，这是他无法接受的，于是他心生绝望。

爸爸见到此状，决定和莱科聊聊天。他对莱科说："孩子，其实你没必要这样的。要知道，到了海军陆战队，你有可能会被留在内勤部门，那样的话你就完全用不着担惊受怕了，那些工作都是很轻松的。"

爸爸的话并没有让莱科放松，他说："爸爸，去哪个部门也不是我自己选的啊！要是我被分配到了外勤部门呢？在外勤部门不仅需要出去作战，而且所面对的各种环境也是非常恶劣的。"

爸爸笑着说："那也没关系。即使去了外勤部门，你还是有两个选择，一个是留在美国本土，另一个是分配到国外的基地。如果你被分配到美国本土，这跟待在家里没有什么区别，又有什么好担心？"

"要是我去了国外呢？"莱科继续问道。

"这样啊，那你还是有两个机会。第一个，被分配到和平而友善的国家；第二个，被分配到不和平也不友善的地区。如果是前者，那么爆发战争的概率是很小的，约等于零，你就什么事情都不会有。"

莱科着急地说："可是，我要是真的去战争地区了呢？那我不就完蛋了吗？”

“这怎么可能？如果你留在总部，而不是上前线，那么也不会有事。”

“那我要是上前线了，这该怎么办？假设我还受了伤，那我以后该怎么生活？”

“受伤也分程度的。也许你只是轻伤，根本无碍的。”

莱科还是不满意，说：“那要是不幸身负重伤呢？”

“那很简单，要么保全性命，要么救治无效。如果还能保全性命，你还担心什么呢？”

莱科最后问道：“天啊，要是救治无效，那我该怎么办啊！”

爸爸听完，大笑着说：“这更简单了。你人都死了，还有什么可担心的呢？更何况，如果你真的死了的话，你就是国家的英雄，很多人会赞扬你、崇拜你。要知道，这样的荣誉不是每个人都有幸拥有的。”

于是，莱科豁然开朗，充满信心和希望地参加了海军陆战队。他先被分配到了外勤部门，然后又被分配到了战争地区，还成为前线上的一名先锋……面对组织的这些安排时，莱科总相信后面有好的事情，于是欣然接受。

结果呢？在这种心态的引导下，莱科不再患得患失，而是作战英勇、屡建战功，获得了一等兵的荣誉。在作战过程中，他先后受过几次伤，不过并无大碍。鉴于优秀的表现，现在莱科已经被提拔为军校的一名军官。

与爸爸相比，在生活的智慧上，莱科显然还有很大差距。莱科的爸爸始终明白这样一个道理：无论人生面临什么样的际遇，在失去的同时都会得到一些东西，所以不如不困惑、不如不挣扎、不如不绝望，静心地走另一扇门。

无论黑夜多么漫长，朝阳总会冉冉升起；无论风雪怎样肆虐，春风终会缓缓吹拂。当挫折接连不断、当失败如影随形、当命运之门一扇接一扇地关闭时，你永远也不要绝望，要相信总有一扇窗会为你打开。

在困境面前，我们总是有种走入死巷子的感觉，似乎怎么都逃不出去，与其悲观绝望，不如静心静思，对自己重新进行定位，寻找另外一条路。

驱散失败的阴霾，拥抱明媚的阳光

在漫长的人生旅途上，既有宽阔平坦的康庄大道，也有崎岖不平的山间小路；既有娇艳欲滴的美丽鲜花，也有郁郁葱茏的荆棘丛生。无论是坚强的男人还是柔弱的女子，谁都难以逃脱这份注定的“幸运”。

在人生路上，经受这样或那样的失败时，千万不要认为老天在故意和你作对、在故意惩罚你，一味地哭泣、抱怨、悔恨和惋惜，甚至相当长一段时间都难以从失败的阴影中解脱出来，从而心生绝望、一蹶不振。

面对困境与苦难，最关键的是要静下心来，清醒地问问自己：“我为什么会遭遇失败”、“我应该如何做才能将失败的损失降到最低”、“我能够从这次失败中学到什么”、“下次遇到这样的事情我应该怎么做……”

要知道，“失败是成功之母”，失败是一次次检视自我、锻炼自我、提高自我的机会，进而完成一次次难得的自我蜕变。反思失败、勇于向前的人，必是胸怀笃定之心、潇洒自信之人，也是离成功最近的人。

英国《泰晤士报》前总编辑哈罗德·埃文斯一生中曾经历过无数次失败，其中包括他在20世纪80年代中期对《泰晤士报》进行改革的失败。但他从未在失败中沉沦。对于失败，他曾经说过这样一段话：

“对我来说，一个人是否会在失败中沉沦，主要取决于他是否能够把握自己的失败。每个人或多或少都经历过失败，因而失败是一件十分正常的事情。你想要取得成功，就必须以失败为阶梯。换言之，成功包含着失败。关于失败，我想说的唯一一句话就是：失败是有价值的。因此，面对失败，正确的做法是：首先要勇于正视失败，找出失败的真正原因、树立战胜失败的信心，然后以坚强的意志鼓励自己一步步走出阴影，走向辉煌。”

真正的勇士，敢于直面淋漓的鲜血和惨淡的人生。因此，遭

遇失败时，不要再整日忧心忡忡、悲观绝望，静下心来扪心自问自己学到了什么、需要在哪些方面做出改进等，那么失败的阴霾将很快消散，迎接你的是阳光明媚的成功。

戴尔·卡耐基事业刚起步的时候，在密苏里州举办了一个成年人教育班，并且陆续在各大城市开设了分部。他花了很多钱做广告宣传，房租、日常用品等办公开销也很大，但一段时间后，他发现数月的辛苦劳动竟然连一分钱都没有赚到。

卡耐基很是苦恼地向家人借钱处理了一些善后的事情后，便整天待在家里不再外出。因为他害怕别人用同情、怀疑，抑或是幸灾乐祸的眼神看自己。他整日闷闷不乐、神情恍惚，无法将事业继续下去。

这种状态持续了很长一段时间后，他找到了老师乔治·约翰逊。“失败有什么？让你清楚地看清自己罢了！”老师的一句话意味深长，卡耐基顿悟，于是他开始静静地思考自己存在什么问题，工作是不是需要改善……一番思索后，他改变了成人教育的研究方向，致力于人性问题的研究。

经过一段时间的努力，卡耐基开创并发展出一套独特的融演讲、推销、为人处世、智能开发于一体的成人教育方式。由此，他成为美国著名的企业家、教育家和演讲口才艺术家，被誉为“成人教育之父”“20世纪最伟大的成功学大师”，他的著作《沟通的艺术》《人性的弱点》以及《卡耐基人际关系学》等出版后，立即风靡全球，被誉为“人类出版史上的奇迹”。

从这个故事中我们可以感受到，尽管失败的事情使我们痛苦，但经受失败没有什么大不了，只要我们能够静下心来，善于从失败中学习、不断地总结失败的教训，重整旗鼓、从头再来，就能一步步走出失败的阴影、收获成功的阳光。

被称为“领导力大师”的沃伦·本尼斯在撰写其最负盛名的著作《领导者》时发现，无论是政府、民间还是非赢利领域的领导人，他们都有三四个共同的特性，其中之一便是：每个人都遭遇过失败，然后反败为胜。

由此可知，是失败使他们看清了自己存在的致命问题，在通往目标的道路上加以征服并超越自我；是失败使他们排除了一个又一个不成功的因素，掌握了取得成功的一个又一个的先决条件，为发展积蓄了能量、为成功奠定了基础。

在发明电灯的过程中，爱迪生几乎把自己的精力都投在了试验上。他所遇到的困难首先是要寻找到做灯丝的材料，他先用炭化物质做试验，失败后又以金属铂与铱高熔点合金做灯丝试验，还做过上质矿石和矿苗共 1600 种不同的试验，结果都失败了。

不过，失败并没有让爱迪生放弃希望，他尝试着使用其他材料，继续进行着自己的实验。后来，他将炭丝装进玻璃泡里，一经试验，效果很好。就这样，世界上第一批炭丝白炽灯问世了。

虽然电灯发明成功，但是这种电灯有很多毛病．大规模推广的可能性很难，这对爱迪生来说，依旧是一次失败。为了研制成看似简单的电灯，爱迪生大约经过5万次的试验，写成试验笔记150多本，可是1914年12月的一个晚上，工厂突然失火了，爱迪生的实验室被烧得干干净净。

看到实验室化为灰烬之后，自己大半辈子的心血毁于一旦，爱迪生心中的悲痛不难理解，但爱迪生对安慰自己的朋友们轻轻地说："没错，这场大火的确把我的成果给烧光了，不过同时它把我的错误也烧光了，现在我要重新开始！"

后来，爱迪生用炭化竹丝做成一根灯丝，结果比以前做的种种试验都理想。这便是爱迪生最早发明的白炽电灯——竹丝电灯。通上电后，这种竹丝灯泡竟可以连续不断地亮1200个小时，由此，爱迪生为人类带来了光明，成为世界闻名的发明大师。

"没错，这场大火的确把我的成果给烧光了，不过同时它把我的错误也烧光了，现在我要重新开始！"能够这样想的人，必是心胸宽广、眼光高远，他们将失败当做垫脚石，进而能够一步步地接近成功。

的确，成功者不在于跌倒的次数有多少，而在于站起来的次数总是比跌倒的次数多一次；不在于没有失败，只在于绝不被失败所击倒。这正如海明威所说的："困难击倒每一个人，之后，许多人在心碎之处坚强起来。"

总之，成功好比威武雄壮的交响乐，而前进中的每一个失败就像是一个个音符。只要你能欣然地接受失败、冷静地对待失败，不断修正和蜕变，那么你就一定能在风雨之后奏响一曲壮美辉煌的“成功交响曲”。

失败是一次次检视自我、锻炼自我、提高自我的机会。失败时静下心来，善于从中学习、总结教训、重整旗鼓，进而完成一次次难得的自我蜕变，那么失败的阴霾将很快消散，迎接你的将是阳光明媚的成功。

转个弯，就会柳暗花明

科学家们曾经进行了这样一项实验：将一群蜜蜂放进一个敞开口的瓶子里，并将瓶底对准阳光。遗憾的是，这些蜜蜂竟没有一只飞出瓶子。为什么呢？因为它们以为出口在光线最明亮的地方，于是不停地撞击瓶底，却对稍稍黯淡的、敞开的瓶口不理不睬，最终它们一个个力竭身亡。

生活中，我们也会遇到各种或困难或复杂的场面，不少人往往只会从一个角度看问题，这就是人们平常说的“一根筋”或者叫做“钻牛角尖”，结果竭尽全力也于事无补，只能被绝望的思绪所困扰。

殊不知，任何事物本身都具有多样性，当遇到“山穷水尽疑无路”的情况时，我们只要静下心来，高瞻远瞩，换一个方向，从不同的角度出发去看待问题，该转弯时就转弯，问题便可迎刃而解，出现“柳暗花明又一村”。

死神在一场瘟疫中累倒了，靠在路边休息，一个好心的青年跑来照顾他。为了表示感谢，死神决定教青年学医。过了一段时间，死神对青年说："你现在可以去行医了，但是有一条戒律不可以违犯：当你治疗病人时，如果你看见我站在病人的脚旁，你可以把他的病治好；如果你看见我站在病人的头边，就表示那人的大限已到，你就不用治了，否则你就要拿自己的命来抵。"

青年一直遵守死神的戒律，也治好了很多人，成为一代的名医。有一天，公主生病了，群医束手无策，国王便颁布一个命令：如果有人能把公主治好，就把公主许配给他。青年得知消息后来到皇宫，当他看到美丽的公主时倾心不已，但死神却站在公主的头旁。

青年想救活公主，但是救活她自己就得死，他精神有些恍惚了，不知道如何做才好。青年深深地呼吸了几下，他感觉大脑清醒了不少，过了一会儿，他对国王说："请叫人把公主的床换一个方向，这样我就能把公主治好。"

国王立即派人把公主的床换了方向，这样死神变成了站在公主的床尾，青年很快就把公主治好了，死神对他也无可奈何。接下来，青年迎娶了公主，继承了王位，过上了幸福快乐的生活。

是救心爱的公主、牺牲自己，还是置公主于不顾？这个选择对这位青年来说是残酷的，但是他没有消极地逃避或搁置问题，而是保持冷静的头脑，换了一个方向，结果轻松地斗败了死神，与公主牵手幸福。

由此可见，面对棘手的问题、无从下手时，不要死钻牛角尖，不妨静下心来，适时地换一个方向，用一种全新的视觉去思考当前所面对的情况，创造一种“山重水复疑无路，柳暗花明又一村”的意境。

那些各领域的顶尖人物，之所以能够取得成功，并不在于他们的人生有多顺利，也不在于他们发现了多少机遇，而是由于他们能够打破常规地思考问题，不被固定的思维定式所控制，懂得换一个角度思考问题的智慧。

由于市场竞争激烈，商品严重滞销，美国艾士隆公司陷入了疲软的经济状态。董事长布希耐非常心烦意乱，便驾车到郊外散步。走到街头时，他看到几个小孩子聚在一起正在玩一只肮脏而且异常丑陋的昆虫，不亦乐乎。

布希耐静静地看着孩子们，突然机敏的头脑产生一股灵感：现在市场上都是芭比娃娃、英俊的海军等外表漂亮的玩具，孩子们都已经玩腻了，如果制作一款外表丑陋的玩具，是不是就能重新唤起他们对玩具的喜爱之情了？

想到这里，布希耐立刻回到公司，部署公司设计人员研制了好几套“丑陋玩具”，例如外表狰狞的“病球”“粗鲁陋夫”，臭得令人作呕的“臭死人”“狗味”“呕吐人”等，并迅速推向了市场。

虽然这些玩具的售价超过了正常玩具的水准，但出乎人们预料的是，这些玩具问世以后一直畅销不衰，不仅给艾士隆公司带来了丰厚的利润，而且还引发美国掀起了行销“丑陋玩具”的热潮。

“爱美之心人皆有之”，在别人眼里，漂亮的玩具深受市场的青睐，布希耐却“反其道而行之”地制作丑陋的玩具，这听起来有些不可思议，但是他却出乎人们预料地解决了公司困顿的绝境，开创了全新的事业和生活。因此，我们应该打开思维的固定模式，试着换一个角度思考问题。

人的能力不是与生俱来的，在日常生活和工作中下意识地多想、多问，一点一滴地积累，你就能获得从不同角度看待问题的能力，在处理问题时更加得心应手，进而走出困境、看见希望。

遇到“山穷水尽疑无路”的棘手问题时，不要死钻牛角尖，不妨静下心来，换一个角度思考问题，该转弯时就转弯，问题便可迎刃而解。

在心灵的旅途中抓住机遇

“机遇”在词典上解释为具有时间性的有利情况。所谓“时势造英雄”，机遇是每一个人取得成功的“催化剂”。美国心理学家劳伦斯·科恩就曾说：“人生不是自发的自我发展，而是一长串机缘。”

基于这样的观念，有些人将成功寄希望于机遇，守株待兔般等待着机遇。结果怎么样呢？经过漫长的等待，机遇貌似从不眷顾自己，人生陷于各种困境中，于是便开始埋怨自己运气不好、痛慨自己生不逢时。

是机遇真的没有来吗？其实，我们更应该静下心来问问自己：“我主动寻找机遇了吗？”“我主动创造机遇了吗？”要知道，机遇从来不会从天而降，全在于我们自己去发现、去挖掘、去创造。

李席鹃和马小芸是一对好朋友，两人拥有一个相同的职业理想，即做一名电视节目主持人。大学毕业后，两人跑遍了A城的每一个广播电台和电视台，但是对方的回答却是：“对不起，我们只雇用有工作经验的人。”

李席鹃变得焦急、苦闷，不断地祈求上天能赐给自己一个机遇，她经常对别人说：“我充分相信自己在主持工作方面的才能，只要有人能给我一次上电视的机遇，我相信自己准能成功。”但是她等待了一年多的时间，一直没有人给她提供这个机遇。

马小芸是如何做的呢？不给工作机遇，怎么能获得经验呢？马小芸觉得这个要求太不合理，倔犟的她开始为自己创造机遇，她仔细浏览广播电视方面的各种招聘信息，过了十几天后终于发现某县电视台正在招聘主持人的信息。该县在山区，偏远荒凉、经济落后，可是马小芸已经顾不了那么多了，她想：只要能和电视沾上边儿，能让我主持节目，让我去哪里都行。

马小芸这一去就是一年，在这一年的工作时间里，她积累了丰富的工作经验，主持能力也提高了不少。当她再次到市电视台应聘的时候，轻而易举就聘到了一个职位，并逐渐成为一名著名的主持人。

从李席鹃和马小芸的职业经历中，我们可以清晰地看到幸运者与不幸运者、成功者和失败者的不同生活轨迹。弱者等待机遇，强者把握机遇，智者创造机遇。机遇寻可得、坐可失。我们与其被动地等待机遇，将人生推向绝望的边缘，不如寻找和创造机遇，用机遇“催化”自己的成功。

著名剧作家萧伯纳曾说过这样一句富有哲理的话：“人们总是把自己的现状归咎于运气，而我不相信运气。我认为，凡出人头地的人，都是自己主动去寻找自己所追求目标的运气；如果找不到，他们就去创造运气。”

因此，当你再次想感叹自己苦命的时候，不妨学着静下心来寻找机遇吧。那些取得了轰轰烈烈的伟绩、堪称成功的佼佼者，大多信奉机遇不是等来的，而是积极地寻找机遇、主动地创造机遇，把机遇的潜能发挥到极致，为自己赢取成功的筹码。

比如，犹太人相信这样的原则：“凡是自己所能做的事情，都要自己动手去做，绝不可以求神帮忙。”当代最伟大的篮球巨星迈克尔·乔丹直言：“我不相信被动会有收获，凡事一定要主动出击。”

尤其是在人才辈出、竞争日趋激烈的时代，机遇一般不会自动找到你，坐等机遇只能被社会无情地淘汰。只有敢于表达自己、展示自己，主动为自己创造机遇，幸运之神才有可能寻找到你。

一天，一位经济学专家站在讲台上，给他的学生讲述了自己的亲身经历：

在我刚到美国读书的时候，那时大学里常常会有各种各样的讲座，并且每次都是请华尔街或跨国公司的高级人员来讲演。后来，我发现了一个十分有意思的现象，那就是在每次开讲前，我周围的一些同学都会拿出一张硬纸，并且在中间对折一下，让硬纸立起来，然后用颜色很鲜艳的笔大大地写上自己的名字，再放在桌前。于是，讲演者需要听者回答问题时，他就可以直接看名字叫人。

我当时十分不解，便问旁边的一位同学，他笑着告诉我说，他们这么做是为了能获得更多的机遇。因为到这儿来讲演的人都是一流的人物，当你的回答能引起他的注意时，也就意味着他或许能为你提供很多机遇。这是一个很简单的道理。事实也是如此，我的确看到我周围的几个同学，因为出色的见解，最终得以到一流的公司供职。

机遇是现成的吗？是在等待你吗？像河塘里的鱼等着你去捕捞？不是！很多时候，你是看不到机遇的，需要你的主动性，你要自己动手创造机遇，哪怕这种可能性只有万分之一。

已经过去的岁月中，或许你一直在等待机遇，耗去了许多时光，却一直没有等到机遇出现，因此，从今天起，静下心来寻找并创造珍贵的机遇，把机遇的潜能发挥到极致吧，相信即使在再平凡的位置上，你也能做出不平凡的事。

中篇

掬水月在手，淡然以净心

浅水喧哗，深水静流。

淡然如深水，是一种修养，是一种美丽。

喧嚣的世界，拥挤的人群，淡然是一种至上的境界。

倾听自己的心跳，感受思想的脉动，回归真实的自己；

凝视亘古不语的大山，解读广袤无垠的沙漠，

体味平凡生命的深刻与伟大，这才是淡然。

第六章
任凭风吹浪打，胜似闲庭信步
——以淡然之态化解委屈

面对人生中诸多的委屈、无助，甚至是坎坷、虚浮，我们只能用淡然平和之心态来应对。淡然是一种生活的态度，是“竹杖芒鞋轻胜马，谁怕”的果敢，面对世事沉浮，想要“胜似闲庭信步”，就得有淡然宁静的心态，才能“一蓑烟雨任平生”。

在沉默中忍耐，静待花开

在中国的文字中，“忍”是一个很形象也很有寓意的字。人们常说，心字头上一把刀，是为忍。人有七情六欲，忍并不是一种好受的滋味，有时候能让你感觉像是万箭穿心，有时候让你像热锅上的蚂蚁团团转。当你觉得全身的怒火聚集在心口，急于发泄，却能硬生生地将它压下去，继续以冷静的态度为人处世，这时候，你已经成为一个心理上的强者。

有耐性的人有强大的后劲。我们都知道“卧薪尝胆”这个故事，勾践用10年时间励精图治，打败仇敌，就是对“忍”字的最佳解释。

不懂得忍耐的人只能依靠一时的实力和运气做事，只有那些懂得克制的人才能知道什么是委曲求全、什么是谋定后动，他们甚至能够忍受许多常人无法忍耐的折磨。如果你说成功有意识，自己能够选择，它们会选择那些冲动的人，还是那些付出耐心和辛苦、坚持到最后的人？

忍耐是现代人必须修炼的品性之一。有忍耐力的人多数时候并不强硬，甚至有“随波逐流”的嫌疑，但那正是忍耐的体现。在山顶上，树木常常被狂风吹得七扭八歪，无法生长，而野草随着风向摇摆，一年比一年茂盛，这就是忍耐的力量。在忍耐中，小的能够变成大的，弱的能够变成强的，沉默的可以爆发，强者都是在忍耐中成长起来的。

非洲草原上，两只狮子常年争地盘，水草肥美的地方羚羊就多，狮子的口粮自然也就变多。两只狮子的战争因一只狮子被咬死而宣告结束，活下来的狮子霸占了最好的地盘，还常常恐吓另一只狮子的遗孀和儿女，小狮子们就在它的威胁下战战兢兢地成长。小狮子们的妈妈常对小狮子说：“不要去招惹我们的敌人，等你们长大了，有力量了，再去反抗它。”

小狮子们牢记妈妈的话，去遥远的地方寻找食物、锻炼体魄，发誓有一天为父亲报仇。那只胜利的狮子起初还记得它们，后来见它们窝窝囊囊，就不再留意它们。几年后，偶尔看到几只小狮子长得壮硕威猛，不禁心惊胆战，害怕它们寻仇报复，便远远地逃离了这片草原。

事物的发展遵循着一定的规律，人生的起伏也是如此，有辉煌就有屈辱，就像故事中的小狮子，几乎是在屈辱中偷生长大。不可否认的是，屈辱给了它们更多的毅力和耐性，也让它们比一般狮子更坚韧，它们的生活目的比任何同类都明确。成长的过程虽更曲折，却得到了更加强大的体魄和不容小觑的气势。可见，压力能够转化为动力。

想要当一个强者，先要有强者的耐性。生活并非一帆风顺，对于那些想要出人头地的人，生活常常是屈辱和挫折的综合体，为了更好地学习为人处世，他们尝过更多的白眼；为了更好地磨炼自己，他们敢于忍受常人无法忍受的东西。有忍耐力的人磨炼自己的韧性，他们知道愤怒的时候最需要忍耐，受辱的时候，他们会这样告诉自己：

1．不必恐惧他人一时的强大

在生活中，恃强凌弱的事时有发生，我们难免要做一两回“弱者”。觉得自己被欺负，却还没有能力反击，感觉自尊扫地，这个时候要告诉自己来日方长。当一个人开始恃强凌弱时，他就已经出现了衰败的信号，他目空一切，你埋头努力；他锐气毕露，你避开锋芒；他为自己的力量扬扬自得，你趁他麻痹大意的时候壮大自己。君子报仇十年不晚，再过几年，你就会发现曾经的“强”不过尔尔，以前认为的山峰已经变成了脚下的土丘。

2．不要为他人的虚张声势自乱阵脚

有些人专门喜欢虚张声势，吓唬别人，其实他们色厉内荏，没什么实力，他们靠的就是他人不想惹事的畏惧心理。对付这种无赖，首先要调整自己的心理，调查他们的底细，不要怕他们；其次就是多一事不如少一事，如果不是必要，不要和无赖耗时间，在小事上宁可吃点亏。总之要记住，不论何时都不能自乱阵脚，自己吓唬自己。

3．不要停下自己的步调

来自外界的干扰再强大，也不要停下自己的步调，这是做人做事的根本。有时候外界的压力让你觉得委屈、愤怒、不公正，但这都是人生路上必经的事，每个人都难以避免，弱者会悲观叹气，强者则等闲视之。而且根据古往今来的经验，人们的压力往往和成就成正比，扛得住多大的压力，就能取得多大的成就。

4．有目的，更要有计划

一切忍耐都是为了实现自己的目的，如果失去目的，忍耐就成了懦弱。这个目的可以很大，例如人生理想；也可以很小，例如得到一份更好的机会。当然，光有目的是不够的，目的只能让你坚定自己的态度，不能直接给你收获。有了目的还要有计划，要在重压之下计算出空间让自己发展，确定下一个步骤，确定下一个阶段自己要到什么位置。强者都在有计划地变强，而不是一夜长大。

真正的成熟不在于你能说出多有智慧或者多有哲理的话，而在于困难切实摆在眼前的时候，你能不能拿出一个解决方案；在于屈辱压到肩膀的时候，你能不能为了长远打算而暂时忍耐。只有懂得忍耐的人才称得上是真正的强者，坚持下去，你就会迎来扬眉吐气的那一天。

收起风帆，寻找风平浪静

命运是一个古老又现代的话题，每个人都希望自己能够亲手把握命运。而命运难以捉摸，就像古诗中说的：“人有旦夕祸福，月有阴晴圆缺。”得意的时候，似乎一切尽在掌握，能够完成任何困难的事，谁知下一秒一切消散，潦倒落魄；失意的时候，觉得全世界都在和自己作对，找不到存在的价值，没想到峰回路转，转机一下子出现在眼前，不禁感叹天无绝人之路——变幻莫测，这就是命运。

对待命运，人们无法把握，只能顺势而为，调整自己的心态接受它。就像古时候的塞翁，得意的时候要想想不妙的后果，倒霉的时候也要看看重新崛起的希望。一切不会有你想象得那么好，也不会有你预计的那样糟。对待命运，能屈能伸是一种最理想的心态。这种屈伸有度，最直观的表现就是在为人处世上的能屈能伸，即忍耐。

有忍耐力的人方能掌握命运，懂得屈伸的人才能以退为进。对真正的强者来说，屈是成事的一种手段。人生难免有不如意的时候，或者说，人生不如意的时候远远多过一帆风顺。想要掌控，只能先忍耐，因为你手中的东西并不是那么丰富，你还需要抓住更多的东西，包括能力、机会、人脉，然后才能按照自己的意思操控命运。在那之前，不妨收起你的船帆，在海面不引人注目的地方静静打捞，以期待一鸣惊人。

古时候，一个年轻人拜一位名画家为师，在画社学习画画。这一天，他正在练习画猛虎图，笔下的猛虎吊睛白额，栩栩如生，他的师傅却在一旁说："你的画技可谓精进，可惜阅历不够，作画终究落了下乘，到底是年轻人。"

年轻人不服气地说："师父，人人看到我画的虎，都说是上品，你怎么说我画得不好？"师父说："我举个简单的例子，你这幅《猛虎扑敌》，画的是猛虎将要与对手作战，但你知道老虎要攻击对方，先要做什么吗？先要把头尽量低下，贴近地面，这样才能冲得更快。你看看你画的，老虎昂着头，哪里有要战斗的架势？"

年轻人听了，低下头说："看来，不仅虎要低头，做人也该时时低头，请师父今后继续教诲我。"师父笑着说："你能悟到这一点，可知今后前程不可限量。"

老虎对敌时的动作很形象地说明了"能屈能伸"这个成语，就像短跑运动员为了冲刺需要，会在跑道上弯下身子，老虎攻击之前，也让自己低下头，为的是蓄势待发。同理，年轻人懂得谦虚地听从老师的意见，也正是对未来的一种谦虚姿态。只有懂得"屈"，才能更好地伸展，而那些过于古板，从来不知道弯曲的人，最容易折断。

人们都向往一直昂着头的生活，认为只有笔直地走路做人，才算得上堂堂正正，他们不屑于走弯路，不屑于与人周旋，也不愿意退让，他们不害怕失败，认为“自尊才是最重要的”，但是，失败者的自尊对事情的进展没有任何好处，而且这种话更像是失败者在安慰自己——难道成功者就失去自尊了？事实上他们更让人尊重。有时候，成事就是一个委屈自己的过程，你能屈到什么程度，就能跳到相对的高度。当然，“屈”也不是无止境地委曲求全，人可以为了一件事而暂时委屈，但不能一直贬低、作践自己，如何把握“屈”与“伸”的尺度？

1. 当“敌”强我弱时，可以委曲求全

当对手过于强大，自己的力量过于弱小的时候，委曲求全是保留实力的最好方法。前面我们就说过，硬碰硬的傻事不能做，在对待对手时更是如此。你暂时向对方认输，虽然有点没面子，承认的却也是事实，别人不会长久地笑话你。等你有了足够的力量扳回一局，旁人倒要赞你懂得进退之道，是个聪明人。

2. 要有敏锐的观察力，学会捕捉时机

有忍耐力的人知道，“屈”只是一个暂时的状态、一条权宜之计，一时的屈居人下不代表以后都会如此，想要扭转局面，就要学会在逆境中捕捉时机，否则就会把“屈”变成一种习惯性的常态，变得习惯听人命令、习惯看人脸色，然后感染了别人的思维，失去了自己的个性。

机不可失，时不再来，“屈”虽然会暂时压制你的独立，但只要有心，你的才能不会因“屈”而削减，你依然可以选定时机东山再起。留心观察每一个细节，学习对手的每一个长处，不知不觉中，胜利的天平已经向你倾斜。

3. 在“屈”状态下，要有一颗不屈的心

长期处在“屈”的状态，一定要提醒自己保持斗志，否则很容易被消磨，变得毫无棱角。有作为的人在困境中须保持一颗不屈之心，记住一切都是暂时的，此刻的低头是为了今后的崛起，而不是把低头变成新的生存状态，一辈子不再抬头，这样的“屈”就成了心理上的屈服，很难再有发展和成就。

4. 见好就收，不要伸展过度

人们的“屈”都是为了“伸”，当你终于有了伸展的机会，能够实现自己的抱负时，要记得凡事有度，有雄心并不是一件坏事，但雄心太大，却容易打乱自己的心智，让自己为了目的不择手段，而且会一改往日的低调，变得张扬跋扈。

久“屈”人下的人一朝翻身，很容易忘记自己是谁，恨不得全天下都知道自己的成就，让自己享受扬眉吐气的喜悦。应该尽量克制这种心情，因为过分伸展可能导致你失去弹性，再也恢复不到过去的状态，等你再次失败，再想“屈”的时候，会发现自己已经散成一团，再也无法凝聚。

总之，不论“屈”和“伸”，都要把握尺度，“屈”并不是屈服，而是前进的预备动作；“伸”也不是张牙舞爪，而是审慎地发展，到达自己想要的高度。只有审时度势、能屈能伸，才能更好地掌握命运。

你烦恼，生活处处皆烦恼

“烦”是现代人标志性口头禅之一，我们每天都能在各种场合听到这个字。在因红灯暂停的公车上，不止一个人说：“烦死了，这么慢，迟到了怎么办”；在人头攒动的餐厅里，有人一边打电话一边露出不耐烦的神情，只差拿筷子敲盘子；在堆满文件的办公室，很多人神经高度紧张，以厌倦的神色加班到深夜……他们脸上的疲惫和厌倦让他们没有力气找人吐苦水，只能变成嘴边无奈的一个字：烦。

人生的烦恼无穷无尽，从出生那一刻，就要为生存烦恼；长大后，学习、恋爱、工作都伴随着大大小小的烦恼，没有人能说自己没烦恼，只能说烦恼有大有小，心态有坏有好。即使有再好的心态，也经不住日复一日单调烦躁的生活，而且有时候自己想要寻找一块清静的地方，寻觅一点悠闲的情致，却发现自己没有那份闲暇，需要解决的烦恼那么多，根本没有闲情逸致存放的地方。

唐朝时，名将郭子仪是平定安史之乱的大将，也是皇帝倚重的肱骨之臣。他为人低调，与朝臣们关系良好，从不招惹是非，他知道古往今来劳苦功高的大臣很容易引起皇帝的疑心，所以做起事来小心翼翼，从不抢风头。不过，自从他的儿子郭暧娶了皇帝的女儿升平公主，他便觉得日子不太好过。

皇帝的公主金枝玉叶，难免脾气刁蛮。郭暧也是个有脾气的人，常和公主发生争吵。有一次，郭暧喝醉了，又和公主吵了起来，还打了公主一巴掌，并且嚷嚷："你的父亲是皇上有什么了不起？如果没有我的父亲，他不知道能不能当这个皇上！"这件事很快在朝廷上传开了。

郭子仪听了吓得不轻，他心想，这件事如果被别有用心的人拿去做文章，自己岂不是要被扣个"谋反"的帽子？他连忙将郭暧绑了起来送给皇帝发落，皇帝却说："不痴不聋，不做阿翁，小孩子们闺房里打架，怎么能当真呢？"郭子仪虚惊一场，不禁感叹皇帝的大度。

对于郭子仪来说，最烦恼的事就是皇帝因为郭暧的话对自己起疑心，他的烦恼不是没有道理，古往今来，多少疑心重的皇帝因为臣子的一句戏言、一句气话而导致内心不安，不得不夺走臣子的身家性命。不过，比起烦恼，郭子仪更重视的是如何解决烦恼。与其战战兢兢地担忧，不如赶快做点什么，使事情往好的方向发展。世间最烦恼的不是那些事情众多却能妥善应对的聪明人，而是那些事情不多却不知道如何处理的庸人。

世上本无事，庸人自扰之，如果用理性的眼光看待一切，就会发现很多事情并没有那么复杂，至少不会到让人心烦意乱的程度。多数时候，你采取装聋作哑的方法，烦恼自然而然就会消散，而那些没法消散的，你烦恼也没用，何必自己苦了自己？在生活中，要能够辨别什么样的事值得烦恼、什么样的事根本无须烦恼，例如下面这些事，千万不要为它们伤脑筋：

1. 无法更改的事

如果事情已经有了决定性的结论，不论结果对你来说是不幸还是郁闷，是好还是坏，它都已经成了一个再也不能更改的事实，你能做的只有尽量消化和接受，因为不论你做再多的努力，投入再多的感情，也是做无用功，根本不能给你带来任何实际益处。

和无法更改的事较劲儿就是做蠢事，还不如赶快想想下一步该怎么做，不要为无法更改的事烦恼，那只会让你的心情越来越糟糕。

2. 芝麻绿豆大的小事

一个人是否整天都生活在烦恼中，也和他的心胸有直接关系，他人给你带来的麻烦有时很不起眼，如果你连别人踩你一脚都要唠叨，别人说你一句都要气上半天，你的生活还有什么快乐可言？对那些芝麻绿豆大点的小事，能放则放，一笑了之是最好的。计较那些不值一提的事，只能显得你太看不开，小心眼。

3. 和你无关的、别人的私事

有时候人们的烦恼并不是因为自己，而是因为他人的状况，如果对方是与你亲近的人，你的烦恼还可以理解，如果是根本与你无关的人，你长吁短叹就太过多愁善感。他人的烦恼，他人会自己解决，你再烦也使不上力。何况，他人也许只是抱怨几句，实际情况并没有那么糟，你想都不想就开始为对方着急，未免太过劳心。如果涉及别人的私事，你烦起来还会有越权的嫌疑。

4. 真假难辨的事

有些事传来传去，谁也不知道真假，比如说办公室传出小道消息要裁员，你为此饭都吃不下去。但这件事是真是假无法考证，你还没得到确切消息就开始烦恼，未免杞人忧天。何况，就算真的裁员，你确定裁下去的一定是你吗？

心思缜密的人会以一颗平常心对待生活，即使遇到烦恼，他们首先想到的是冷静，他们把烦恼控制在一定范围内，坚决不人为地增多。处理烦恼需要智慧，也许每天都有意外让你头疼，但至少你要告诉自己：烦恼已经够多了，千万别再自己找来添乱。

珍惜当下，拥抱美好明天

一些人的生活太过热闹，就会产生一种空虚的念头，仿佛自己忘记了生活的本质，过着根本不是自己想要的生活，即使有很多消遣，依然认为生活其实不该如此。但真正的生活究竟是什么样子？他们又说不明白。如果非要说个所以然，思索半晌都会说："就像当初那个样子""就像年轻时那个样子""像我想象中那个样子"……

那么，究竟什么是"当初""年轻""想象"？提炼一下，就是充满热情、充满想象、充满对未来的干劲，而不是整天想着琐碎的烦心事、每天做着麻木重复的动作、每天都在面对自己厌烦的事。而产生这种厌烦的最重要原因是对明日的失落感，想到今天如此无聊、如此郁闷，明天也不得不如此，突然就会对未来失去兴致。

想要明天更加美好，抱怨今日是没有用的，珍惜今日才是最要紧的事，你想要的明天都在今日孕育，今天你朝气蓬勃，对什么事都积极主动，明天你就可能有所收获，觉得自己朝理想又更迈进一步。明日是目标，如何走，是不是走在想要的方向上却只能看今日，你耽误了多少个今天，就耽误了多少个明天；抓住多少个当下，就抓住多少种可能。

一位青年作家经过几年的积累，发表了很多作品，然后推出了一部长篇小说一炮而红，成了当年最畅销的文学读本之一，他也被突来的巨大成功冲昏了头脑，整天沉浸在他人的夸奖之中，“少年得志”、“不可限量”、“文坛新星”等称呼接踵而来。作家今天接受电台采访，明天参加作品签售，被“粉丝”前呼后拥，好不风光。

一年后，作家突然厌烦了这种生活，因为越来越多的人给他留言，说他的作品不如从前，根本没能超越自己，甚至出现了退步，作家预感如果这种情况继续下去，他的“粉丝”和名气会迅速流失，他说不清自己的心情，只好向一直尊敬的一位老作家请教。

老作家说：“你想一想，用一年的时间写一本自己想要的书，和写出几本书赚了很多版税、得到读者称赞，哪个更让你高兴？”

作家思考半晌，回答说：“当然是写书更让我高兴。”“那么你不应该为一时的光环耽误写作，如果不能抓紧时间充实自己，很快你就会被淘汰。”

青年作家听了老作家的话，从此谢绝了一切采访和活动，潜心读书写作，他出的书并不多，但每次出书都能给人带来惊喜，那些曾经不看好他的人也不得不承认，他是个真正的作家。

每个人都明白“珍惜当下”的道理，但人们对“当下”的理解大多有所偏差。例如故事中的少年作家，曾经他认为当下就应该是出名的风光、“粉丝”的拥护、出版一本又一本书，等到他发现这种生活并不是自己想要的，才明白真正的当下是耕耘、是努力、是杜绝杂念一心一意做自己的事业。人们理解的当下是享受，但真正的当下应该是付出。

对有心人来说，当下应该包括这些方面：你正在做的事、你所在的环境、你所接触的人，而所谓的“珍惜当下”，就是尽量做好正在做的事、尽量从现在的环境中学习经验、尽量与接触的人友好相处，这些事都值得你去付出，而不是匆匆忙忙地想做更伟大的事、盯着更好的环境、接触更有名的人。要知道你的一切来自当下的回报，而不是不切实际的明天。那么，如何能够认真地接纳当下？

1．用心体会当下

真正的快乐不是来自对未来的憧憬，而是来自今日的生活，憧憬再美好也是虚的，只有生活才是实实在在的。当下有很多事值得你去体会，例如生活中出现的乐趣与问题、与人相处时的喜怒哀乐、事业上每一次进步和挫折，不论是好是坏，都是你生命历程中的一部分。想要成为一个充实而快乐的人，必须紧紧握住当下。

2．在当下提炼智慧

人生的智慧来自哪里？答案是当下。今天，你努力学习课本知识，牢记每一个知识点，举一反三地做了很多习题，还向老师问了一些扩展性问题，看上去只是勤奋好学。但是，明天它也许就变成了试卷上满分的成绩，后天它也许就变成了面试时恰巧询问的考题，大后天也许就成了工作中大家都在挠头的难题。

智慧需要在当下提炼。当下是一本没有声音的教科书，只要你努力阅读，并且把成功与失败一一记在心里，明日就会成为你高人一筹的资本。

3．为明日做打算

所有的当下都是为了明天。我们努力地活在当下，为的是能有美好的明天。对一个人来说，一份切实的理想、一份可行的计划和当下的努力一样重要，理想能让人更有面对困难的勇气，计划让人拥有更高的效率，人生不是单行道，但提前确定好方向，减少绕道的时间，可以让你的生命更加轻松。

人生就像一张存折，想要得到明天的财富，今天要做的就是存款，如果透支了今天，明天迎接你的只有赤字和债务。要保证自己的一切都有意义，就要珍惜当下的每分每秒，这样才能向着明天迈出坚实的一步。

奔腾向前的河水才能拥抱大海

人们有一种恋旧心理，迷恋过去的成就，当他们通过自己的努力得到了什么，就很难从心理上放下它。对于他们来说，那是对自己能力的一种肯定，是自信的来源，是通向未来的资本，也是自己存在价值的证明。他们如此迷恋这些东西，给这些东西上强加了许多额外意义，于是，成绩不再是成绩，而成了一种迷信，他们固执地认为有了这些，明日依旧可以一帆风顺，却没有发现因为这些东西太过沉重，已经减慢了他们迈向明天的脚步。

对于过去，很多人想要忘记遗憾、忘记伤痛，唯独不想忘记曾经的辉煌，因为那是最足以骄傲的部分。他们越是放不下，越会拿过去与现在做对比，想来想去还是过去好，并为今时不如往日烦恼不已。一路走来，他们对过去的收藏越来越多，把大部分时间用来回味，把小部分时间用来计划将来，他们在将来看不到光亮，却总在过去寻找温暖。

对过去的回忆多了，就会成为负累，负累一旦过多，就会造成心灵的超载。超载的主要表现就是很难心平气和，总是觉得生活像一团麻一样乱，不明白过去为何那样顺利。其实，过去未必顺利，只是那时候的你清醒而有热情，看到困难不会大惊小怪，遇到烦恼也不会唉声叹气，现在的你遇到烦恼不是源自过去的理

智与活力，而是过去的成绩与回忆，从而导致你对现实不能产生有益作用，让自己越来越心烦。

古时候，一个官差去外地办事，半路上，他丢了自己的马匹，只能徒步行走。

第三天，前方出现一条大河，官差暗自叫苦，他急中生智，在附近村民那里借了一柄斧头，砍伐了一些树木扎成木筏，成功地渡过大河。

前方是一座大山，官差害怕山那边仍然是河，就把木筏扛在肩膀上。山上的老农问他："你为什么要扛着木筏登山？不觉得累吗？"

官差说了自己的理由，老人大笑说："你是不是傻了？登山者要尽量减轻负重，渡河者才需要舟楫，你怎么能扛这个木筏？"

"那你说，前边再有大河怎么办？"官差问。

"前边若有河，可以再想渡河的办法，你背着木筏登山，岂不更加耽误时间？"

对于想要渡河的人，一个木筏就是工具，但对于登山的人，轻装上阵才是最好的选择。不论是背着木筏去登山，还是不用工具就想横渡一条大河，都有些想当然。用一种方法战胜了困难，就以为用这种方法可以战胜一切困难，能够屡试不爽，这种对过去成绩的肯定已经成了迷信，注定要耽误更多的时间。因为只有将方法用对了才叫方法，否则就是愚蠢。

迷恋过去在半数以上的情况下都会造成人的愚蠢。一个失恋的人如果用过去恋人的标准想找一个一模一样的，一来世界上没有完全相同的人，找到的只有失望；二来就算找到了也不过是过去的替身，说明你一直活在过去，根本没有前进。过去的东西即使再好，也已经过了时效期，不是过时了，就是变质了，总之，都变成了你的负担、烦恼的根源，只有将那些事放下，你才能静下心做事。那么，你必须放下的属于过去的东西是什么？

1．过去的成绩

每个人都或多或少得到过一些成绩，有些还是足以让人自豪的。但是，过去的成绩不能保证将来你也能获得一样的成绩，如果认为自己已经足够优秀，便开始故步自封，头脑就不能容纳新的东西。为过去的成绩沾沾自喜的人，往往是因为现在混得不好。只有放下过去，把每一次尝试都当做新的开始，才能每一次都全力以赴。成就青睐那些孜孜以求的努力者，而不是那些整天炫耀曾经的停步者。

2．过去的经验

当我们寻找失败的原因时会发现，有时是因为太过缺少经验，以致不懂得如何应对突来的难题；有时却是因为太过依赖经验，根本没有分析出刚刚出现的新问题。

我们遇到的事情不像加减法那么简单，不是所有问题都能用一加一等于二这种单线思维解决。世界上没有一条实际经验能让你度过所有考验。过去的经验也许是成功的，但那也是你摸索的一部分，不能当作定理使用，一定要牢记经验是死的，人是活的，活人不能被死经验支配。

3．过去的执念

对于过去的某些美好事物，人们通常会形成一种执念，认为过去的那些就是最好的，再也找不到那么好的东西。基于这一点，看现在的所有东西都是厌烦的，恨不得一切统统消失，一瞬间回到过去，这种执念严重时会影响到人的价值观和人生选择。

对过去的执念，来自对今日的不满。因为现实不合自己的心意，就在脑子里回忆过去的种种美好。其实过去未必有那么好，当需要一个避难所逃避现实时，过去无疑是最好的选择，过去的什么都是好的，反正回不去，无法考证，索性在假象中不断美化，变得越来越美，直到成为一种幻想。把现实生活和幻想做比较，心理落差当然越来越大。

对大多数人来说，生命的意义不是回忆过去，不论是过去的成就还是美好。生命的意义在于超越自我，只有那些过不好今天的人，才让自己一直留在过去。当过去已经成为一种负累，不能给你回忆以外的东西，还为你添加了很多烦恼，你应该果断地放下这段过去。人要向前走、向高走，而过去却是从上游流过身旁的河水，如果你总是转过身子看着它，就再也看不到前面的路。

第七章
万里江山犹在，风雨几度春秋
——以淡然之态迎接苦痛

人生在世，注定要经受许多痛苦，忍受许多苦楚。当痛苦的阴云笼罩了我们，我们责骂、愤恨皆无济于事，不如学会微笑面对、淡然待之。任世事摇曳，心始终如莲，安静绽放，如此，苦楚又能奈我何。

品味咖啡苦后的甘甜

人生如茶，细品之时就会发现，苦味是人生的基调，不同的是，通透的人能品出清香，知足的人能品出余甘，有毅力的人用它提神，有雄心的人用它醒脑……归根结底，人生是苦的，佛家归纳出人生有七苦：生、老、病、死、憎相会、爱别离、求不得。生命的每一个过程固然有快乐，却都伴随着痛苦，有时甚至看不到快乐，只有苦闷的阴影。

面对人生的痛苦，我们不能像圣人一样达观，也不必整天用“天将降大任于斯人也”来安慰自己，苦就是苦，每个人都要经受，谁也不会例外，我们需要的是一种对痛苦的忍耐力，保证自己能够吃苦，有在吃苦中得到报酬的能力，还有敢于吃苦，在苦难中也能找到意义、找到乐趣的心态，这样的能力和心态，才能保证我们在人生的风风雨雨中保持乐观和活力，取得巨大的成就。想要获得这种能力和心态，依然需要修炼自己。

有忍耐力、心思缜密是一种生存智慧，这种智慧往往在苦难的背景下产生。换言之，能否在苦难中提炼智慧，在于你会不会苦中作乐。苦中作乐并不是自欺欺人，而在于你愿意接受苦难、接受现状，并以积极的心态适应它、利用它。

一位名记者曾经讲过这样一个故事：

那时我是个初出茅庐的报社记者，每天都有好几个采访任务，常常写稿写到凌晨 3 点多。我也曾经想过这个工作太累，想换一个轻松的，不过，一次的采访改变了我的看法。

那天我去敬老院采访一位 83 岁高龄的老人，他是省书法协会的荣誉会员，在书法上有自己的特色。这位老人很健谈、很随和，虽然生活在敬老院，但他的房间里摆放着各种字帖，每天与书为伴，生活很雅致。当我问他高龄是否给他带来不便时，他说："我要尽情享受生命的每一天，不会去想它给我带来的不便。"

如果仅仅是采访这位老人，我不会有这么深的感受。让我印象更深的是在回来的路上，那时候我还没有车，只能不停地倒公交车。在一辆公交车上，我看到一个十几岁的小孩一脸疲倦，他目光呆滞，就算有老人站在他旁边，他也不站起身——不是他不让座，而是他根本看不见，他似乎完全忘记了周围的一切，只是麻木地翻着手中的习题集。

当活力盎然的老人和了无生趣的小孩同时摆在我面前，我突然明白生命的状态是由自己的心态决定的。你认为它苦，它就会苦不堪言；相反，你认为它很好，它就会给你无穷的乐趣。当我调整了心态之后，我发现原本枯燥的工作不再那么让我厌烦，我开始积极努力，不到一年，我就有了升职的机会，之后越做越好。

很多时候，苦是一种心态，当你觉得生活苦，就能在外在环境中找到许多佐证：年纪也好，困难也好，烦恼也好，都让自己的心苦上加苦。人生之苦不分年龄，不分性别，也不分身份，人生的乐也是如此，懂得寻找快乐的人到哪里都能找到令自己高兴的事，就像故事中的高龄老人，年纪给他带来了行动上的不便和迟缓，但他却比年轻人更加懂得如何享受生活。

人生不怕没有快乐，只要有迎接快乐的心态，快乐总会在不经意间与你不期而遇。人生怕的是自苦，把自己淹没在苦水里，看不到任何光明和希望，每天不断地咀嚼着苦涩。人生固然很苦涩枯燥，但总有很多事让你恢复活力，将这些事找出来，就是在痛苦中寻找快乐，让人生不再只是一个重负。那么如何“苦中作乐”？

1. 肯定自己

很多时候，影响你意志的不是外界环境，而是自信心的丧失。一个人一旦否定自我，即使有再多的机会他也看不到，有再多的快乐他也不愿理会。当你觉得苦不堪言，首先要做的是重新肯定自己，找回过去那颗自信而执著的心。

肯定自己包括很多部分，肯定自己的能力、肯定自己的付出、肯定自己的个性，只要是你觉得可以欣赏的地方，都应该拿出来反复安慰，并告诉自己这些东西曾带来怎样的成功，即使生活让你失去了很多，至少它们一直陪伴自己，留得青山在，不怕没柴烧，只要像过去一样努力，就能克服困难，重塑辉煌。

2. 学会放松

觉得生活太苦的时候就要学会给自己找乐子，学会自我放松，可以用心理暗示的方式告诉自己困难都是暂时的，根本没什么。也可以去参加一些有趣的业余活动，让自己疲惫的身心得到休息。有时“苦”的感觉只是因为你负重太久，绷得太紧，需要一次放松，一旦身心得到休息和恢复，活力就会重新回到你身上，你又可以鼓足精神迎接挑战。人生就是一个悲伤欢喜交替的过程，当你觉得苦的时候，就要寻找放松的甜味。

3. 学会幻想

幻想是对抗紧张与不安的好方法，也是一种自我安慰。当你焦虑时，可以幻想自己正处在一个轻松的环境，也可以想想自己过去取得成绩时那一瞬间的兴奋与得意，这些心理上的刺激都能让你打起精神面对现实，而不是悲观下去。

幻想虽好，但千万不要沉迷。偶尔做梦可以激起人们对未来的向往，但总是做梦就会影响人的进取心。人生是梦想与现实的不断抗争过程，不必在意一时的辛苦和痛苦，因为努力的人总会等到苦尽甘来的一天。

微笑是解除痛苦的良药

人生中难免有各种各样的苦难历程。面对苦难，有些人常常沉不住气，他们总认为别人比自己幸运，这种区别显而易见：别人脸上总是挂着幸福惬意的微笑，照照镜子，发现自己却是一脸的郁闷与痛苦，生活的重担全部写在脸上，和别人的状态有天壤之别，怎么能不去羡慕别人的幸运呢？但是他们没有想过，那些笑着的人真的是幸运者吗？

人的表情和心情并不是统一的，例如，在奥运会的领奖台上，银牌得主、铜牌得主和金牌得主一样面带微笑，而更多的时候，第二名和第三名的选手在笑，而第一名的选手想到自己经历的不易，常常忍不住流出眼泪。由此可见，有时候笑的那个人不一定是幸运者，他们在维持一种礼貌、一种风度，证明自己不怕暂时的困难和失败，证明自己有信心更进一步。

苦难与挫折都是人生的必经之路，在这个过程中，你可以选择哭着放弃，也可以选择笑着面对。选择微笑的人，往往是生活中的强者，他们不愿在困难的压迫下露出窘态，也不愿让身边的人看自己的笑话，他们的行为固然有“要面子”的成分，但在这种时候，自尊常常能够激发一个人巨大的潜力。微笑着面对苦难，是一种积极的生活态度，它承认现状的不易，更相信未来的辉煌。

约翰先生是底特律有名的皮鞋生产商，他曾经公开对人表示：他最佩服的就是同一个城市的水果商杰克逊先生。听到的人都觉得奇怪：约翰先生和杰克逊先生似乎从未碰过面，他们做的买卖也是风马牛不相及，为什么约翰先生会佩服这样一个和自己没有关系的人呢？

在一次采访中，约翰先生说出了谜底。原来，十几年前，约翰先生还是个寒酸的皮鞋推销员，他的工作是敲开一家接一家的房门，推销一种牌子不响的皮鞋。即使每天累得腰酸腿疼，也卖不出几双鞋，他的心情一天比一天黯淡。每天早上起床，拿起廉价的鞋油擦皮鞋的时候，他不知道这份工作还能做多久，自己还能活多久。

一个冬天的夜晚，约翰还在工作，他敲着一间大房子的房门，前来开门的就是杰克逊先生。看到约翰穿得单薄，杰克逊先生请他进房喝了一杯咖啡，并买了一双皮鞋，他对约翰说："我像你这么大的时候，还在别人的田里做果农兼推销员，每天连饭都很难吃饱。不过现在我已经是一个成功的水果商——相信我能做到的，你也能做到。"从那天起，约翰先生充满了干劲，他相信了杰克逊先生的话，并以杰克逊先生为目标，一步步走向了自己的成功。

面对苦难，微笑并不是件轻而易举的事，有时听上去像是风凉话——哭都哭不出来的时候，哪里还能笑？不过就像故事中的杰克逊先生，他的事业从小到大，靠的就是对待困难时能够保持笑脸——一个推销员在任何时候都要保持笑脸，才能真正地推销自己的产品。其实，我们的人生不也是一次推销吗？向命运推销自己，得到它的承认，才能取得成功，所以，无论什么时候我们必须保持笑脸。

德国诗人歌德说："如果你觉得自己渺小，那么你已经找到了巨大收获的开端。""笑对人生"是一种乐观的心态，也是从渺小到巨大收获的开端。当然，痛苦的时候仍然要保持微笑，会让你更加苦涩，但是，一旦习惯，你就会从中获得力量。那么如何保持乐观的心态？

1．想想过去的辉煌成就，补充自信

遭遇苦难的时候，你需要补充自己的自信，以期待自己尽快渡过苦难时期。最直接、最简单的方法是想想你过去获得的辉煌成就。一个人一旦辉煌过，自尊心也会相应提高，不会允许自己向苦难低头，而且，成功时尝到过的甘甜滋味也会加倍激励自己再创佳绩。

在困难的时候千万不要想过去的失败，从过去到未来是个无法中断的过程，现在就是它们的连接点，用成功的心态看待困难，往往就能以成功联系过去与未来。否则，就会从失败走向失败，由痛苦滋生痛苦。

2．幻想一下未来的场景

过度幻想会消磨人的斗志，适当地幻想能点燃人的激情，尤其是在困难的时候，只要想到渡过这次困难之后能够得到的成就、能够享受到的赞美、能够给自己的前途带来的资本，多数人都会觉得充满了干劲，愿意再拼搏努力一下。即使你是个非常客观冷静的人，幻想一下这样的场景，也不无帮助。

3. 客观分析现在的困难，寻找解决途径

苦难是人生必经的过程，战胜困难是成功人生必需的步骤，如果一个人能有这样一种心态：遇到困难的时候，不是抱怨自己倒霉，而是立刻想到“这是考验”，他就具备了极强的心理素质，能够把人生的一切当做一种挑战，节省旁人用来哀叹的时间，一心一意争取自己的胜利，这样的人大多能创造傲人的成就。

每个人都需要一种“笑对人生”的心态，你把痛苦看得少一分，幸福就会多一分。你以超然的心态看待周围的烦恼，烦恼就会离你远去。五味俱全才是人生，既然享受了甘甜的部分，苦涩的部分也要微笑着面对，这才算真正的品味。

做以德报怨的解语花

在生活中，最让人不想接受的痛苦就是来自他人的伤害。有时候，这伤害是肉体上的，只是一时，而真正让人难过的是心灵上的伤害，欺骗、背叛、轻视、中伤……这些伤害会长久发挥着它们的效力，扭曲着人们的情感，侵蚀着人们的心灵，让人们对此念念不忘，始终生活在痛苦之中，不能自拔。

在我国，先哲们倡导“恕道”，提倡人们以德报怨。当别人做了伤害你、对不起你的事，多数情况下应该考虑原谅对方。如果一直对他人充满怨气，为难的不是他人，而是自己，以德报怨，其实是在给自己一个解脱的机会，让自己从怨恨与不满中解放出来，变得更加平和、宽容。

冤家宜解不宜结，与其多一个仇人，不如大方一点、宽容一点，原谅他人无心或有意的过失，从此多一个朋友。“以德报怨”是基于这样的一种心理：世界上的人都是复杂的，有好的一面也有坏的一面，但多数人的本心是希望能够与他人友好相处。相信了这一点，你就能原谅他人出于不得已或者无心的过失而造成的对你的伤害。换句话说，能够体谅别人，才能以德报怨，否则只能冤冤相报，没完没了。

古时候，魏国和楚国边界有个小县城，两国的村民都在这里居住。这里的土地适合种瓜，每年春天，两国的村民都会种下西瓜。

这一年大旱，种下去的瓜苗长势不好，村民们暗暗着急。魏国的县令看到这种情况，就鼓励大家一起去远处汲水浇瓜。一段时间后，村民们虽然辛苦，但瓜的长势渐渐好转。谁知楚国的村民看到这种状况红了眼，趁着夜深偷偷去踩魏国村民的瓜田，魏国的村民受了损失，群情激奋，准备晚间也去破坏楚国的田地。

县令听说了这件事，连忙阻拦说：“你们这一去，固然解了一时之恨，但你们有没有想过以后的事？难道以后每年你们都要互相破坏瓜苗？”村民们觉得这话有道理，只好请县令想个好办法。

县令说："以德报怨是最好的办法，以后你们浇瓜的时候，顺便在他们的瓜地里也洒一瓢水，不费多少力气，又能帮助别人。"

魏国的村民按照县令的话去做，没多久，两国的田地都长得不错，楚国的村民看到魏国人以德报怨，十分羞愧。此后，两国村民世代友好，再也没有起过争执。

中国人历来有两种传统，一种是圣人提倡的"以德报怨"，另一种是世俗意义上的"以怨报怨"。因为中国人历来重视道德，讲究修身，但是每个人又很难放弃自己的利益，忘记自己受的伤害，于是在处理怨恨的时候，脑海里常有这两种思维的反复交战。前者近乎理想，而且未必有好效果；后者后患无穷，也许会带来更多麻烦。

在上述故事中，魏国有一个聪明的县令，他并不是以圣人心态治理自己的辖区，他采取的其实是一种现实主义的态度，为的是保住自己国家的收成，不让对方再破坏自己的劳动成果，而且花费的力气也不多，何乐而不为？有的时候，以德报怨就是这样一种小投入高回报的"好事"，关键是你要在心理上真正接受这件事，那么如何在心理上原谅对方？

1. 目光要放长远，不要盯着一时的恩怨

每个人的生活都有一定的目的，随着年龄的增大，目的性就会越来越强，做事情首先想到的是会有什么后果，智者还会想是不是符合长远利益。

个人恩怨，看似是个人经历和喜好的私事，但也和我们的未来息息相关，不论是在心态上还是生活上，怨恨一个人都不会给自己带来开朗的心态，和某个人结仇也许就会变成一枚定时炸弹，终有一天会突然爆发，扰乱我们的生活。所以，一时的恩怨多数都可以变得云淡风轻，只要你愿意忘记，它就很容易变成过去。

2．要给他人改正错误的机会

每个人都可能犯错，你怨恨的人也是如此。也许他的心里早已为此内疚，也许他已经表现出这方面的意思，这时候，如果你们没有深仇大恨，不如给对方一个承认错误、改正错误的机会，因为每个人都处在成长中，难免会做错事、说错话，有时候是出于无心，有时候是出于一时的偏激，如果你愿意宽容对方一次，对方也就获得了一次有益的人生经验。

3．要检讨自己的失误，不要一味指责别人

与人有过节，有时候并不一定是他人的原因，绝大多数的事情都是双方共同作用的结果，人与人的怨恨也是如此。所以，不要一味护短，从不检讨自己，在你指责别人的时候，也要想想自己的所作所为是不是有欠妥当的地方。或者，你听听别人指责你的话，如果愿意平心静气地分析，就会发现自己也不是想象中那么“理直气壮”。

在生活中，如果能用“以德报怨”的思维看待大多数怨恨，心中的烦恼就会减少一大半，人际关系也会豁然开朗，心灵上所受的痛苦也会更少，这是一种修为，需要在漫长的人生道路上慢慢体会。

用感恩发现生活的点滴美好

人生难免会有苦难，如果因为苦难，因为某些人的刁难和欺骗，就开始怀疑世界上的一切人、一切事，完全否定他人，这就是自己的心理出了问题，把世界想得过于黑暗。万事万物都有两面性，人心也是如此。如果只盯着黑暗面看，自己也会变得越来越没有安全感。

有一个孩子出生时就被父母抛弃，在孤儿院生活。六岁那年，一对夫妇将他接走。夫妇二人结婚后一直没有生育，收他做养子，想要今后做个依靠。没想到三年后，夫妇二人有了自己的孩子。他们为了生计考虑，将孤儿送给了别人。孤儿哭泣着不愿意走，却被养父母狠心地赶出了家门。

第二家人将孤儿当佣人一样，让他在家里干活，也供他读书。四年后，那家人觉得孤儿上学太费钱，不愿意再养他，孤儿百般恳求也无济于事，只好收拾行李，在一家饭店找了一份包吃包住的工作，从此开始了他艰难的人生。

在十几年的时间里，孤儿做过苦工，上过当，忍受了无数委屈，甚至当过乞丐。孤儿生性倔犟，从来没有放弃出人头地的念头，最后成了一家餐饮公司的大老板。让人惊讶的是，他将曾经养过自己的两对夫妻接到家里共同居住，像对待亲生父母一样对待他们。面对别人的不解，他说:“为什么要只记得自己受过的苦？我只知道当年如果他们不给我饭吃，不给我住的地方，我根本活不到今天。”

故事中的孤儿就是一个“以德报怨”的典型，养父母的确让他吃了很多苦头，但当他功成名就之后，他首先想到的不是自己遭遇的不幸，而是养父母曾经给自己的恩情。对于那些心地仁慈宽厚的人，记得他人的好比记得他人的不好更重要，他们总会选择用别人的好抵消别人的不好，因为他们知恩图报。

每个人与人接触的时候，都希望在对方身上得到关怀、照顾、帮助，有这种想法的人并不是自私，只是人的一种惯常心态，有这种心态不代表他们不会回报，甚至会回报得更多。但是，每个人的性格都是多面的，至少和你是不同的，给了你关怀的同时，就可能给你伤害，所以不能只是要求他人对自己好，而不接受其他方面，有这种想法的人才真正自私。而且，记得别人的好，会给你的人生带来很多益处，例如：

1. 一个人的心胸决定了一个人的成就

做大事的人不能心胸狭隘，如果一个人总是记着旧日的仇恨，那么很多人都可能不小心得罪过他，他从此和这些人划清界限，也就是把自己能够发展的范围相对变小，把自己可能的盟友相对减少。一个人如何对待自己的仇人最能看出他的心胸，而人的心胸常常能够决定他能多大限度地争取人心，也就决定了他可能做出多大的成就。

2. 面对伤害，需要有强大的心理素质

人生中难免要面对别人给自己带来的伤害。有时候这伤害是一时的，很快就能“一笑泯恩仇”；有时候伤害是长久的，留在心里成了挥之不去的阴影。这个时候想要原谅别人，忘记别人的不好，就需要强大的心理素质，既要有对对方处境的体谅，设身处地地为对方着想；还要有全面的分析能力，看到当事人双方各自的失误；更要有长远眼光、自省能力，等等。这都需要平日的历练和积淀，最重要的是要分清孰轻孰重，懂得感恩和宽容。

3. 懂得感恩的人，才懂得真正的生活

人与人之间的矛盾在所难免，但是对待那些曾经照顾过你、关心过你、帮助过你的人，理所当然地要多一份宽容，更要懂得感恩，否则人与人的关系就会变成冰冷的利益关系，生活也会变得渐渐失去人情味，这才是人生的最大损失。

注重人格修为的人，他们不会忘记别人对自己的好，又能以现实眼光原谅别人的过失，于是他们给人的感觉往往是最理想的，既让自己开心，又让别人尊敬。

心中有佛，看别人都似佛

人生路途中，人们难免面对伤害与痛苦，有时候是自己遇到了悲伤，发现自己无力解决，有时候看到别人遭遇痛苦，虽由衷同情，却没有能力做些什么。林林总总的痛苦让人们备受打击，也让那些坚强的人变得更加成熟。要用什么样的心态面对人世的痛苦？这个问题的答案并不复杂，能够抚慰痛苦的只有对自己和他人的爱护与慈悲。

想必我们都还能记住小时候不停地哭闹，这时候，如果有人肯来我们身边说几句安慰的话，逗我们发笑，让我们开心，烦恼和悲伤很快就会无影无踪。这就是我们接触的最初的慈悲。长大后，我们的烦恼可能不会因为几句话减少，但是如果知道自己被关心、被爱护，痛苦不自觉地就会减轻，至少在心理上，我们是舒服的、愉悦的。

“慈悲为怀”不是出家人的专利，对人对事的慈悲，其实就是对自己的慈悲。你能够怎样对待别人，别人才能怎样对待你，想要他人、命运对你慈悲，你先要对他人、命运付出足够的慷慨。当你真正把自己的所作所为看作一种心甘情愿的付出、一种对他人的帮助，你会更坦然，不论出现任何结果，你都不会觉得是一种伤害，因为你已经做到了你应该做的事。

村子失火的那一天，农夫达尼正在山里种地。看到远处的火光，他扔下农具赶回去救火，当赶到家中，发现自己的屋子被烧成一片焦土，而邻居杰克的屋子却只损失了一个屋顶，达尼问杰克："我们是从小到大的好朋友，你怎么忍心只救自己的屋子？哪怕你在扑灭自己家的火之后来扑灭我家的火，我也会感谢你……"

杰克一脸愧疚，不敢抬头看达尼。大火来临的时候，他慌了神，只顾着扑灭自己家的火，根本没想到达尼家。他想起达尼曾对自己的帮助，想起达尼被烧掉的全部家当，越想越觉得自己是个自私的人。杰克总想用什么方法补偿一下达尼，可是达尼根本不理他。

就这样过去了一年时间，达尼搬到了更远的地方住，杰克开始做水产生意，且越做越大。这一天，他的雇工急匆匆地跑来告诉他：他的大渔船被火烧了，幸好发现及时，损失不大。令杰克没想到的是，这个发现火灾的人竟然是达尼。

"你为什么还要帮我呢？"杰克百感交集，"上一次，我并没有帮助你，不是吗？"

"总想着过去的事有什么用？最重要的是我看到了火灾，不想你遭受损失。"达尼说。

一个人受了伤害，觉得难以释怀，但是如果一直不能释怀，就等于把这份伤害持续下去，甚至让这份伤害的阴影一直笼罩着自己，这同样也是一种伤害，甚至这种伤害比他人给的伤害还要严重。因为一旦你对某些事看不开，就会产生心结，这个心结会影响你对其他事的判断，让你产生某种偏见，对人格发展来说，是一种极大的负面影响。

对他人慈悲其实就是对自己慈悲，对自己慈悲其实就是说服自己尽量想好的方面，遗忘那些坏的方面。而且，慈悲能够让自己更加平心静气地对待外界事物，有一份平静的心态，在任何时候都能保持超然，就更不容易受到打击与伤害。那么，如何让自己具有慈悲心态？

1．要理解他人的难处

人生在世，不是只有你一个人遭遇痛苦，每个人都有他自己的难处，不论是受到伤害还是被人得罪，或者因为他人连累而受苦，如果能想想他人的处境、他人的感受，就更容易看开眼前的事，因为如果是你遭遇他人的情况，你未必会比他人做得更好。为他人着想、理解他人、愿意同情他人的遭遇，你就已经具备了一份慈悲的心态。

2．要懂得别人表达歉意的方式

当别人为你带来痛苦，他未必没有愧疚感，有些人性格直爽，也许会直接向你道歉，希望得到你的原谅；有些人心思细密，会小心地观察你的反应，然后才能确定用什么样的方式向你道歉；有些人不擅表达，也许他已经在用实际行动表达歉意，但你却没看到。

对于别人的歉意，如果能及时接受，会让双方都放下一颗心，不必担心从此结仇，也许还能化干戈为玉帛。所以，要用善意的眼光看待别人的行为，这也是一种慈悲。

3. 不要事事想着回报

有时候，人们的心理落差不是因为伤害，而是因为自己的付出没有得到应有的回报，特别是当你全心全意地对待他人，他人却丝毫不知感激，甚至恩将仇报的时候，那种伤心比被仇人陷害的伤心更甚。但是，付出并不是以回报为目的，事事想着回报，就会使自己整日生活在落差中，变得越来越自私，更不可能懂得慈悲。

人生的苦楚众生平等，你受苦的时候，别人也在遭受着其他痛苦，如果能对自己、对他人都有一份宽容爱护的心态，就能减少自己和他人痛苦的感觉，更相信人性的美好，从而做出更多造福大众的事业。

第八章
金风玉露相逢，胜却人间无数
——以淡然之态拥抱爱情

爱情是人世间最美好的事物，真挚的爱情是每个人都渴望的。我们都渴望在人生道路上能有一个贴心的伴侣，能够和自己一起承担风雨，分享喜乐。但是，爱情中却也有许多酸涩，也并不是每段爱情都能结出甜美的果实。这就需要我们修炼一颗淡然面对爱情之心。

找到属于自己的芳草

漫漫人生路上，美丽的爱情是生命中最重要的一部分，奇妙的缘分让远隔千里、素不相识的人成为相爱一生的伴侣，共同分享喜怒哀乐，艰难时做彼此的臂膀，这种亲近、依赖很难用语言表述。不过，并不是每个人都有机会遇到恰恰好的另一半，即使再动人的爱情故事，如果主角双方在人生观、价值观、生活目标方面存在过大的差异，也无法有完美的结局，爱情是美好的，但不是所有爱情都合适。

举个最简单的例子：你想不想始终吸引你的另一半？你想不

想与另一半有个稳定的未来？你想不想让你付出的一切真正地感动对方，让对方真正认识你、接受你？如果答案是肯定的，那么你需要修炼爱情。

修炼爱情的第一步，就是要认清什么样的爱情最适合自己、什么样的爱情能够天长地久。相应地，那些不适合自己，明知道是一场悲剧的爱情，你即使仍要尝试，也要保证自己能够承担它带来的结果。事实上，它不会有伤心和伤害之外的结果。

天涯何处无芳草，换一条路径就能得到自由，死脑筋只能把自己撞得鼻青脸肿，为什么不能承认自己错了，去追求更对的人呢？迷恋这种状态一旦产生就很难解脱，但是，未来的人生还很长，你真的愿意一辈子单恋一个人，看着对方幸福、自己默默付出地过日子吗？相信绝大多数的人不会选择当这样的情圣。

有头脑的人明白什么样的爱情最适合自己，那个人应该能够激发自己的热情，让自己迷恋；还应该适合一起生活，共同搭建自己的小家庭；最好还是贴心的伴侣，让自己在任何时候都不觉得孤单……感情并非完全利己，但是如果不能让自己得到满足，那么早晚会觉得意难平，不如一开始就找一个最合适的。那么，如何判断你的伴侣是否是合适的人？

1．二人是否有共同语言

共同语言既包括共同的兴趣爱好，也包括共同的生活目标。爱情的结果一般都是步入婚姻的殿堂，要想想几十年的时间，如果你们既没有可以交谈的话题，又没有共同奋斗的目标，那会是多么无聊的一种状态？或者说，你们到底为了什么而结合？难道是为了对方出色的长相或者成绩？这些外在的东西都不能保证爱情的长久，真正决定爱情的，是灵魂的吸引。

2. 对方身上是否有你不能忍受的缺点

不要高估自己的忍耐力，也不要高估他人的承受力，相爱固然没有什么理由，没有什么条件，但如果对方身上真有你完全无法忍受，又不能更改的缺点，你真的能保证自己忍耐几十年？比如你是一个大方的人，最受不了吝啬贪财，你的另一半如果整天为几毛钱的菜和你算计，你真的受得了这种生活？对那些你根本无法忍受的缺点，还是赶快说再见为妙。

3. 二人的条件差距是否过大

古时候的婚姻讲究门当户对，这不是没有道理的。试想两个人家境相当，受到的教育相当，接触的人差不多，自然会形成相似的人生观，就算没有感情基础，也更容易理解、欣赏对方，更容易和睦相处。相反，如果两个人差距过大，不论这差距是人生观上的、家庭上的、经历上的还是性格上的，都需要谨慎对待，因为差距导致差异，差异导致无法理解沟通，很容易成为矛盾。在恋爱时，必须客观地认识到这种差距，并仔细思考究竟能不能弥补。

4. 你是否想要改变对方

恋爱的时候，恋人一方发现了另一方的缺点，或者另一方身上有让自己无法忍耐的地方，会安慰自己说："今后可以慢慢改变。"不知多少人有这样的心思，并为此努力，绝大多数人都会发现，想要改变几乎是不可能的。对方的个性由很多年的时间积累形成，怎么可能在一朝一夕之间发生更改？改变并非不可能，但如果你无法尊重、接受对方现在的样子，你不过是在谈一场没有结果的恋爱。

5. 看看对方如何对待别人

爱情的开始也许是一见钟情的心动，但爱情会变成生活，另一半也会成为生活中最重要的伴侣。这时候，应该看看对方如何对待身边的人，包括父母、朋友、同事、弱者……如果对方是一个懂得感恩也懂得付出的人，自然也不会对你太差。如果对方只为自己考虑，对他人的贡献总是挑三拣四，即使现在迷恋你，以后也不会对你有多好。

谈恋爱需要用脑子，需要避开那些不合适的对象，选择最适合自己的另一半，当你们有共同的追求、相互体谅的个性、和谐的相处方式，才能算是相配的一对，你也才能从这段关系中领悟真正的爱情，享受美满的生活。

爱情中也要学会放弃

关于爱情，人们曾有很多著名论断，其中之一就是：得不到的永远是最好的。特别是谈了很长时间的恋爱，一旦分手，那份失落感就会铺天盖地而来，而且在自己心目中，对方的形象会越来越高大、越来越完美，谁也无法与之相比，自己的眼睛里再也看不到其他人，被这种迷恋折磨，不断对别人说："我失去了最好的一个。"

那么，得不到的真的就是最好的吗，还是因为你太过遗憾，导致了一种幻觉？大多数人想到自己付出的心血和努力，越是觉得没有得到回报，就越是放不下这段爱情，到最后他们也不明白自己留恋的究竟是某个人，还是放不下曾经的努力和感觉。这个问题说不清楚，但有个事实是清楚的：感情已经结束，迷恋也是枉然。

覆水难收，理智的人都懂得这个道理。过去的感情让自己形成了惯性的依赖，突然失去对方，觉得天塌地陷，可是伤心不能挽回对方。何况，两个人的分手一定有不可调和的原因，即使挽回，裂痕已经产生，双方仍旧不可调和，一段时间过后，又会出现第二次分手。死灰不能复燃，逝去的爱情也不能重来。

爱情是心理上的一种感觉、一种需要，一旦消失就很难追回，看不开的人最容易为情所伤。如果一个人为了一段自己放弃的感情以泪洗面，便是典型的优柔寡断，既然如此留恋，当时就不该放弃；已经放弃，还犹豫不决，这不就是为难自己吗？而且为了一段失去的感情耽误现在的生活，也不明智。

一定要想想，认识对方之前，你的生命就没有其他亮点和快乐吗？失去对方你就失去了生命的全部吗？如果答案是肯定的，那么对方值得你放弃一切去追回。但在绝大多数时候，答案都是否定的，你需要的是合适的疗伤方式，将过去当做美好的回忆，开始一段新的生活。那么，如何"拔慧剑斩情丝"？

1. 好聚好散，不要为难他人

感情是美好的，却并不一定会长久，当对方明确地表示这段感情不合适，或者自己另有所爱，你又何必强求？不合适是因为不愿意与对方磨合，换言之，感情不够深；另有所爱是因为有了更好的选择，换言之，移情别恋。你真的希望自己未来的爱人是一个对你感情不够、随时可能移情别恋的人？如果答案是否定的，你就没必要留恋对方，甚至没必要为难对方，好聚好散，也不枉费大家相识、付出一场。

2. 给自己一段独处的时间

分手后你需要的是冷静，还要重新面对孤单的生活，这个时候需要一段独处的时间，仔细想想这段感情的得与失，也许你会产生一种释怀的心态。独处还可以让你换个心情，暂时忘记失恋的苦闷，计划一下自己的未来。人生不会因一段感情的结束而结束，它应该有坚强独立的内蕴与魄力。

3. 不要迅速开始新恋情

有些人克服不了失恋的伤痛，他们会迅速开展一段新恋情，以填补自己的“空巢期”，用新的热情弥补旧的伤害。其实，这并不是一种明智的做法，首先这对新恋人不公平，其次你在这段新的感情中投入的不是爱恋，而是渴望得到一种心理上的补偿。迅速开始的新恋情就像受伤时用的创可贴，虽然一时缓解了疼痛，却无法治愈。想要高质量的爱情，还是要等到彻底告别旧伤痛之后。

4. 用其他事来填满自己的时间

失恋的感觉是强烈的，是一种无法摆脱的精神痛苦，这个时候，干脆用大量的工作来麻痹自己，让自己忙得没时间去想失恋这回事。如果你愿意用其他事将自己的时间填满，过上一两个月，你会发现伤口早已麻痹，虽然还觉得疼，却不再那么撕心裂肺。而且通过一段时间的劳累，你会发现生命中还有很多事等待你去完成，不能为了一段感情就放弃全部人生。

得不到的也许是好的，但那终究成为过去，不用费尽心思去挽回，因为强求来的东西终不会让你称心如意，不如潇洒地放开手。此情可待成追忆，只是当时已惘然，惘然过后，你还要面对漫长的人生，打起精神，你会遇到更适合你的人。

理智是对爱情最好的呵护

用情深的人，常常希望自己能够给对方无微不至的关怀和保护，特别是那些聪明、理性、做什么事都很优秀的人，总是希望另一半能听从自己的意思，按照自己的计划行事，他们有信心让生活变得美好，只要对方配合，但是他们发现对方往往不那么愿意配合。对方不是小孩子，每件事都替对方做好，会让对方觉得困惑无力。

还有一种情况，当一个人为另一个人付出太多，这种爱就变成了另一个人的负担，而且感受不到在这段关系中自己付出了什么，越来越没有存在感。这时候，爱就变成一种伤害，如果付出的人还在不停地说："你看看我为你做了这么多事。"另一个人就更会觉得承受不起，想要结束这样一段失衡的关系。

有心之人会用理智的态度对待自己的爱人，就因为深爱对方，才会更加尊重对方的个性，维护对方的空间，让对方自由发展，而不是给对方一个脚镣，让对方按照自己的意思行事。他们希望给对方提供一个遮风挡雨的地方，而不是把对方关在园子里圈养。想要维持相爱双方的平等，首先要保证对方发现自我、相信自我，而不是没有自我。

不论是父母对子女，前辈对后辈，还是爱人对另一半，没有节制的包办式的爱，都会让对方无法独立。也许你爱一个人，希望给对方一种被爱的感觉，让对方离开你就活不下去，但这其实是一种自私的想法，因为你不曾想过有一天你不在了，对方如何生存？你无法保证对方的周全，只能在日常生活中锻炼对方，让对方有自己的能力、事业和朋友圈，这样才是真正为对方着想，才是真正的保护与关爱。

真正的爱是一种责任，既有保护的责任，又有督促的责任。当你爱一个人，对方应该因你的帮助变得比以前更好，而不是渐渐失去自我，成为一个附庸。这样的一个人，渐渐也会对你失去吸引力。那么，如何判断你给的爱是否过度？

1\. 是否过于包办，干涉到对方的兴趣爱好

两个人的关系需要互相让步妥协，有时候为了使一个人高兴，另一个人难免委屈，如果有一天，对方突然跟你说："我决定分手，我受不了你的干涉。"这说明你对对方的干涉已经超过了对方的

接受底线，对方并不是因为一件事提出分手，而是多次事件的累积。

每个人都有自己的兴趣所在，那是生命乐趣的一部分，无法由他人决定，你觉得音乐能够给人带来快乐，可是对方偏偏喜欢画画，这个时候你不能逼迫对方放弃绘画。你逼迫的即使不是大事，但这种霸道的态度也会让对方的不满逐渐扩大，最终导致两个人关系的崩溃。

2．是否过于不均衡，变成对方的压力

情感的付出是相互的，应该注意均衡。一旦一方只懂得付出，另一方只懂得接受，这段感情就会出现问题：或者是付出的一方累了，或者是接受的一方厌倦了。只有彼此付出、彼此接受，才能保证一种感恩与爱护的双重心态，这种心态正是爱的土壤。你可以不计较付出，但不要让对方觉得他（她）什么都不用做，要让对方察觉你的需要，这才是一段稳定的关系。

3．是否耽误了自己的正常生活

爱情的前提是保证自我，而不是失去自我。爱情需要现实基础，也需要个性基础，保证自我的独立、坚强是维持爱情的重要步骤，如果对对方的付出严重地干扰了你的正常生活，不但让对方不自在，也让你失去了往日的步调，这时候就可以判断自己爱得过度。试着调整自己的生活重心，做到兼顾和统筹，才是维持生活与爱情的两全其美的方法。

爱情常常让人们有这样一种觉悟：无论付出多少都觉得不够。但是，爱不可过度，用最理智的态度对待自己的爱人，是对爱情最好的呵护。不必什么事都按照对方的想法进行，也不必强求对方同意自己的每一个观点，爱情如果也能把握合适的“度”，才能真正不变、长久。

真爱无须比较

在爱情之中，人们愿意放下一切心思，变得坦诚直白。但是，恋爱中的男女耳鬓厮磨，感情一天比一天深厚，越来越在乎对方，总是想知道对方过去的恋人是什么样的人、他们的相处模式是什么样、那个人是不是比自己好、另一半是不是会留恋那个人、他们分手的原因究竟是什么……

如果恋人如实回答，就会产生更多的问题，诸如“既然那么好，你为什么还跟我”“你觉得我好还是他（她）好”“你是不是还想着那个人啊”等等。如果对方不想回答，就会在脑子里想到最坏的答案，然后折磨自己。比来比去，情绪就越来越阴晴不定，两个人的矛盾也会增加。有时候心里也知道这种比较没有意义，但想到另一半的过去，就觉得不能释怀。

还有一种情况，就是开展一段新恋爱以后，自己也会忍不住与过去比较，觉得现在这个哪点比过去那个好、哪点不如过去那个，比来比去，总是觉得刚开始的那个更好。殊不知，这种比较对现在的爱人是最不公平的，因为每个人对待爱情的方式都不同，你事先设定了标准，就是逼迫对方按照你的标准谈恋爱，不但会

让对方不自在，也会让你觉得处处不满意，因为谁也不可能按照你的模板去克隆。

一个论坛的网友正在讨论一张帖子，发帖人是经常泡在论坛的一个讨人喜爱的小姑娘。她为人热情，喜欢摄影，每次贴出的风景照都能给人带来美的享受。熟悉她的人都知道她今年24岁，已经工作了3年，最近交了一个不错的男朋友。

女孩的帖子如下：

“和男朋友交往已经有半年了，曾经交过两个男朋友，因各种原因分手，与这个男朋友一年前在活动中认识，追求我大约半年时间。他的条件很好，在一起后他对我也很细心体贴，但是他总是追问我过去的事，比如追问我过去的男朋友是什么条件，听说其中一个家境不错，就会不停地问为什么分手，如果现在让我重新选，我会选择谁……他总是问这样的问题，让我不知道怎么回答，大家说我该怎么办？”

网友们纷纷建议她开诚布公地与男友谈谈，如果还是改不了比较的习惯，只能考虑分手。女孩犹豫了很久，终于和男朋友谈了一次话，男朋友表示他愿意放下过去。没想到一个月后二人发生口角，男孩故态复萌，又开始说：“你以前的男朋友难道就能让着你吗？”女孩仔细思考良久，觉得如果一辈子都生活在男友的计较和比较中，人生太过痛苦，她决定和男孩分手。

每个人都有过去，如果对方没有蓄意欺骗，你在接受对方的

时候，就已经接受了他的过去。你不可能将一个人的过去在他的生命中完全割裂。这个时候，有些人似乎更能看开一些，因为他们知道比起过去，最重要的是现在和将来，过去即使再好，要和对方生活一辈子的人是你，对方选择的也是你。何况，记忆里的一切往往更加美好，以现实中的自己和幻想中的过去做比较，怎么看都是自己吃亏。而且比较除了伤害两个人的默契与感情，起不了其他正面作用，不如不比。

在两个人的关系中，与其计较对方的过去，不如努力让对方有更好的现在，如此一来，你们才能真正地忘记过去。与其怀念过去的爱情，不如加倍珍惜现在，才能使自己有更多的充实感和幸福感。该结束的早就结束，开始的就应该是崭新。那么，如何放下爱人的过去？

1．要知道过去的爱造就了现在的他（她）

恋爱分析师说，人们应该对恋人之前的另一半心存感激，因为谈过恋爱的人往往比初次恋爱的人更体贴、更包容、更尊重对方的存在，这份心态是因为前一段感情的磨合，甚至是不停歇地争吵才换来的，过去的爱造就了对方此时的恋爱心态。

如果你的爱人曾经有过恋爱对象，那段恋爱就是他（她）人生经验的一部分，很大程度上影响了现在的他（她），如果你愿意细心琢磨，可以了解这段爱情的前因后果，然后更加了解另一半的个性和禁忌，但是如果没有这份心胸，建议将爱人的过去搁置，不要去接触，把对方当成一个“第一次恋爱”的人，因为对方想获得的也是一次崭新的恋爱。

2．对自己更有自信

总是拿自己和对方过去的恋人比较，是因为对自己的一切不自信；总是拿对方和自己过去的恋人比较，是因为对自己的眼光不自信。如果你不相信自己在对方眼中是最好的，对方是自己遇到的最好的，你们的感情基础就称不上牢固。不必在对方的过去身上找自信，要相信自己做得够好，还会做得更好，这才是使对方走出过去的根本条件。

3．如果太过在乎，就要果断分手

如果你发现自己完全无法接受对方有过去，或者对方完全无法接受你的过去，你们每天的日子就是在互相询问、互相比较中度过，不要抱着“今后会好”这种幻想，因为今后不会好，要么把比较放在心里，产生忌妒、自卑等情绪，严重干扰生活；要么是找一个没有过去的人，弥补自己的“感情损失”。恋爱双方如果斤斤计较到某种程度，忽略了相爱这个事实，他们不能克服的不只是过去，还可能是未来的很多问题，这个时候，果断分手才是最理想的选择。不必苦了谁、害了谁，如果真的有缘，想通之后还会在一起，否则没必要互相伤害。

多数人寻找另一半不能一蹴而就，往往经过了一次或者几次失败的经验，才找到了最合适的人。一个对感情负责的人必然对对方有一定的宽容，而不是为自己回不到的过去求全责备，两个人相处最重要的是活在当下，而不是对过去斤斤计较。

婚姻不等于爱情

有一首歌这样唱道：“相爱总是简单，相处太难。”相处，是普天之下正在恋爱的男女都要面对的难题。当爱情以婚姻为前提，相处就成了双方必须解决的难题，甚至是当务之急。步入婚姻首先要考虑的是爱情，是双方的个性是否合适、能否尽心维持一段感情，让它有始有终，这是婚姻的基础，必须谨慎对待。

爱情是两个人心灵上的共鸣，但婚姻却有双重意义，它既包括浪漫的一面——相爱的两个人从此白头偕老，又包括现实的一面——婚姻，不只是两个人的结合，还包括两种经济体、两个家庭、两段社会关系……婚姻不是儿戏，必须将方方面面的困难提前考虑，才能保证婚后生活的和谐美满。否则，当面对层出不穷的问题时，婚姻的前行道就会亮红灯。

爱情需要冲动与激情，是本能；婚姻却需要头脑和计划，是冷静。不能简单地认为有爱情就能解决一切。对爱情认真的人，他们在婚姻中从不会被一时的激情冲昏头脑，他们要将二人可能面对的困难一一分析到位，事先协调，达成共识，这样一来，即使问题真的出现了，两个人也会很有默契地解决，不留下隔阂。

于珊一直自诩单身主义，抱定不结婚的念头，经常给她的朋友讲述结婚的坏处：没有自由、婆媳关系、经济问题、孩子问题……但是，当她遇到同样一直单身的谭立，这种观念立刻发生了改变，他们都认为对方是自己的真命天子，认识不到3个月便迅速注册结婚。

“闪婚”后的日子并不好过，柴米油盐的生活迅速消磨了浪漫，于珊和谭立很快发现彼此身上自己不能忍受的部分，虽然都是些生活琐事，但每天的争吵早已让他们疲惫。例如，于珊喜欢吃中式饭菜，而海归的谭立喜欢吃西餐，每天早上必备面包和咖啡，两个人会为中餐、西餐哪个更有营养争论不休。类似的争论存在于生活的各个方面，两个人个性要强，谁也不愿意服输，在日复一日的争论中，他们终于决定离婚。

在上述事例中，一段闪电式开始的爱情又闪电式地结束。在恋爱的时候，谁也不认为自己的婚姻会以离婚告终，人们习惯性地相信对方、相信自己、相信来之不易的感情。一旦接触到琐碎复杂的现实生活，人们又会习惯性地纵容自己、苛求对方，抱怨各方面都不如意的生活。故事中的于珊与谭立日复一日地为相处问题争论，其实他们的个性差异在结婚前并不是没有显露端倪，可是他们被感情冲昏了头脑，来不及辨别发现，也来不及思考。

婚姻是人生大事，一段美满的婚姻将会使人的生活质量大大提高。在心态上能够得到稳定感，建立责任感；在情感上有了依靠感、信任感；在经济上虽然多了压力，但也有了归属感和目标感。每个步入婚姻的人都想要美满的婚姻，但美满的婚姻需要结婚前的计划和筹谋，而不是婚后一点一点地修补。所以，步入婚姻必须谨慎，应该从以下方面考虑婚姻的可能：

1. 经济基础

爱情是风花雪月，婚姻是柴米油盐，步入婚姻的最现实问题是衣食住行，衣食住行的基础是金钱，虽然很俗气，但却是最现实的问题，解决不了，再美好的感情也会变成空中楼阁。没有人能在吃不饱肚子的时候谈情说爱，除非他们不在乎未来。

想要结婚，首先要衡量双方的经济基础。两个人是否能够负担未来的住房、生活、育儿等费用？两个人以什么形式共同支配未来的财产？两个人各自的爱好花销应该如何分配？是否存在不对等？这都是双方必须考虑的问题，否则它们会始终困扰着婚姻，成为一道挥之不去的阴影。

2. 二人的脾气能否磨合

每个人都有自己的脾气，而且脾气这种东西很难改变，即使改变也是一时的，这就需要两个人达成共识：愿不愿意与对方磨合？在遇到问题时，愿不愿意退一步，体谅对方？两个人究竟存不存在原则分歧，根本无法调和？

当谈恋爱变为过日子，多数人都会发现自己身边的不是当初那个人，很多小缺点、小毛病一一浮出水面，让人失望灰心，这就是婚姻对爱情的最大考验。如果你愿意容忍对方的小缺点，下定决心与对方磨合，你会发现对方的个性其实从来没有变过，只是你了解得更深刻，从某种意义上来说，如果你愿意接受，就是爱情的深化。

3. 双方家长、亲友的意见

爱情是两个人的事，婚姻需要涉及两段社会关系。两个人的相爱未必得到所有人的赞同，即使得到了所有人赞同，在生活中也难免遇到摩擦和纷争，这时候，如何摆正双方亲友的关系，就是一个让人头疼的问题。

如果不能体谅对方的亲友，总是提各种意见，甚至发牢骚，对方基于护短心理，自然也不会体谅你的亲友，甚至连同对你的感情也一天天冷却。亲友虽然重要，但毕竟是你们生活之外的人，没必要因为他们惹对方不快，不如泰然处之，以礼待之，对方自然会感激你的体贴，你们的生活也会更和谐美满。

对结婚抱有谨慎心态的人，才能收获圆满的婚姻。激情不能解决实际生活中的问题，爱情不能当饭吃，只有将方方面面的问题考虑清楚后再步上红毯，婚姻才能长久。

恩爱，就是感恩与爱护

常言道："婚姻是爱情的坟墓。"当婚姻开始的时候，男女双方都觉得找到了生命中的另一半，满怀欣喜和浪漫，以为从此可以像童话中说的那样：王子与公主过上了幸福快乐的生活。但是，很快就会发现现实生活的确是爱情的无形杀手，几乎可以把所有的激情扼杀，最后剩下琐碎的抱怨、牢骚。

为什么会出现这种情况？首先，婚姻揭开了双方的面纱，让彼此看清了对方的真面目。恋爱的时候，每个人都希望对方看到自己的优点，于是拼命突出优点，掩盖缺点；对另一方来说，爱情又有一定的蒙蔽性，这个时候看对方的缺点都是好的，或者干脆忽略。等到结婚后，才发现自己从来不曾留意过的甚至无法忍受的缺点，即使知道自己也有原因，也难免产生一种被欺骗的感觉。

有责任心的人对婚姻有清醒的认识，他们知道爱情和婚姻不是一回事。爱情是一种冲动，婚姻却是一种选择，既然是选择，就要知道自己需要承担什么、需要付出什么，而不是一味地要求对方。美满的婚姻不是想出来的，而是通过实际行动慢慢经营出来的。婚姻需要用心经营，否则不会长久，即使长久，也不会让你觉得幸福。

乔先生和乔太太结婚15年，仍然保持着新婚时的恩爱状态，每当看到乔太太说起自己的家庭一脸满足的表情，她的同事们都不大相信——爱情怎么会保持这么久？

乔太太说："我觉得夫妻和睦的方法很简单，就是要尊重对方、欣赏对方，特别是要尊重、欣赏那些和自己不一样的地方。比如我不喜欢美术，但我的丈夫画出画来，我会专门看一些书，给他提意见，即使他不接受我也不会在意。还有就是要照顾对方的情绪，经常夸奖对方。比如我的爱人迄今还常说我漂亮，帮我搭配衣服。我也总是夸他聪明，这样他会更有干劲地去工作。我从来不会唠叨对方的缺点，说什么都适可而止，这也是他喜欢回家的重要原因……”在乔太太琐碎却幸福的叙述中，大家都能感受到他们夫妻的恩爱。

经营一段幸福的婚姻，其难度不在经营事业之下，甚至要比经营事业用更多的心思。不过，人生短短几十年，最重要的心灵归属就是婚姻，怎么用心都不为过。故事里的乔先生和乔太太就是因为时时留意对方，重视婚姻质量，才能让婚姻保持了15年的新鲜。

恩爱，就是感恩与爱护。对对方的付出不要视为理所当然，而要心存感激，如此，自然就不会有求全责备的心理，也不会有时时不满足的心态；对对方的一切不是横挑鼻子竖挑眼，而是体谅关爱，让对方时刻感觉到家的温暖。这样的一段关系自然就会长久，婚姻保鲜并不难，只要你愿意用心去做。

1. 记得常常肯定对方

夫妻之间的相互欣赏是感情的基础，也是夫妻交流的重要方面。为什么恋爱的时候，觉得对方的一举一动都能吸引自己？都让自己觉得恰到好处？结婚后却觉得难以接受，甚至反感？因为你放弃了对对方优点的发掘，甚至开始从本质上否定对方。在否定的情绪下，你感受不到对方的魅力，对方也会觉得自己缺乏吸引力。

常常赞美对方是婚姻保鲜的好方法，一个人能够得到来自另一半的肯定，每天的心态都会开朗并且积极，遇到困难也会保持信心，因为知道有人会支持自己。肯定对方、承认对方、赞美对方是婚姻双方的共同需要，需要双方的共同努力。

2. 批评对方要温和适度

婚姻双方难免有意见不合的时候，这就造成了某些夫妻“大吵三六九，小吵天天有”。很多人认为夫妻之间说话不用太隐晦，有一说一，批评也要直截了当。但是，夫妻是两个个体的组合，每个人都有自己的尊严，也希望在另一半面前维护自己的面子，如果能用委婉的语言来提醒对方，点到而止地批评对方，就不易伤害夫妻间的感情。

3. 尊重对方的爱好与习惯

每个人都有自己的生活习惯和业余爱好，不要认为结婚后对方就应该一切以你为主，完全听你的话，什么都要向你看齐。对对方的习惯和爱好，即使有你看不顺眼的部分，只要不影响生活大局，就要学着接受、学着看开，不然整天为应该吃橘子还是吃柿子吵架，日子就会越发没意思。理想的生活并不是公式化的统一，而是多样化的共存。

何况，凡事都以自己为主，说明你太过自我。控制欲太强，只会激发对方的逆反心理，甚至对你打心底里产生失望。要记住尊重对方，对方才能尊重你。

4. 在大问题上要通过协商达成一致

婚姻是两个人的事，即使一方有主见，另一方习惯听从，面对大问题的时候，也不能一个人说了算，要首先询问对方的感受和对方的意见。不然，对方很容易觉得自己没有地位，不被重视，然后对婚姻本身产生质疑。

特别是在孩子问题上，双方最容易产生分歧，这就需要双方在生育之前就定下妥善的教育计划，谁负责什么、遇到情况，双方各自的职责是什么，都要一一想清楚。

5．制造一点儿浪漫

婚姻是日常生活的累积，但是婚姻也是爱情的结果，没有人希望自己的爱情真的死在婚姻中，这就需要多动脑筋，多制造一些浪漫。不论是精心为对方准备一顿晚餐，还是外出为对方捎一份礼物，或者偷闲去外边享受二人世界，都能让双方短暂地脱离日常生活，回味年轻时的心动感觉，保持感情的温度。

婚姻是人们的普遍需要，它的内核是想要被关爱，也想要关爱别人。想要一份稳定美满的婚姻，既要有足够的现实观念，也要有足够的不现实想法，把爱情始终存放在自己心里，在日常生活中的细节处多多体谅对方，这样的感情才能天长地久。

面包和爱情可以兼得

对一个成年人来说，人生有两个基点，一个是事业，另一个是感情。缺少事业，一个人无法确立自己的价值，会觉得自己无用，在另一半面前也觉得抬不起头，长期下去还会有很强的危机意识，担心自己成为另一半的负担；缺少感情，事业做得再大也没有最亲密的人分享，总觉得人生不够完整，年纪越大，越觉得自己形单影只，没有情感上的归属感。

但是，当一个人开始谈恋爱、步入婚姻后，常常发现事业与感情出现矛盾。特别是现代人，每日生活忙忙碌碌，心情时常焦躁，没有多少时间去经营感情，导致现代社会的婚姻很像家庭旅馆，两个成员行色匆匆、疲于奔命。在这种情况下，感情越来越可有可无，没有精心维护的感情就像没有肥料的花，病怏怏地生长，总有一天会枯萎。

对大多数人来说，事业和感情不是天平的两端，而是一个综合体。感情是事业的"后勤基地"，事业是感情的物质保障，他们能在感情与事业中寻找一个平衡点，让家人理解自己的事业，愿意成为后盾，但也不会无限制地忙碌，忽略家人的感受。面对两个同样重要的东西，比较毫无意义，最重要的是协调，这样生命才能平衡，不会出现偏差。

自从交了女朋友，张志的生活有了很大改变，用钱钟书的小说《围城》中的话说，就像驴子突然有了赶驴子的人。女朋友各方面都很优秀，但有一个缺点：太爱管着张志。张志想要换一个工资低一些却发展机会更好的工作时，女朋友会反复讲述做工作应该稳重，不应该总想着跳槽。张志知道，女朋友不同意的原因是新工作出差次数太多，二人离得太远。

张志是个有事业心的人，他希望自己能心无旁骛地工作，给家人和女朋友幸福稳定的生活，而女朋友却总是抱怨张志不够体贴，整天只想着工作。张志希望自己的另一半也是个重视事业的人，而女朋友却把家庭当做全部，甚至想辞掉现在这份前途好但忙碌的工作，找一个轻松稳定的公司，以便有更多的时间过二人世界。张志反复和女朋友分析现代社会的压力，却发现他和女朋友根本无法沟通。

常言道，一个成功的男人背后都有一个默默付出的女人。由此可见，另一半是否愿意支持，是事业成功的重要部分。随着男女分工差异的缩小，默默付出的人不再局限于家庭妇女，不过，任何一方的成功需要的都是对方的体谅和支持，像故事中的张志的女朋友，就显然是在拖后腿，现在是一个只会限制对方发展的女朋友，今后也不会成为贤内助。

感情可以是心灵的全部，但不是生活的全部。付出与体谅应该是双方的事，尊重自己的事业，也要尊重对方的事业，这就需要两个人互相体谅，寻找出最好的途径，兼顾家庭与个人发展。否则，只会出现恋爱婚姻因现实压力而解体的事情。家庭与事业之间并不是没有平衡点，以下就是一些简单的“平衡方法”：

1. 把家庭装在心里

现代社会生存压力巨大，想要做出一番成就，需要做出很大牺牲，其中就包括对爱情、家庭的注意力的削减。即使你的爱人能够体谅你，你也要用实际行动表示你的心里有家庭，每天都不要忘记和你的家人联系感情，即使时间很短，也好过什么都不做。

不但自己要知道，也要对家人表达清楚，争取得到家人的理解。在事业上有了什么变动，也要和家人商量，让他们参与其中，成为你事业的一部分，这样他们才能真正放下心里的小芥蒂，切实地为你的事业着想。

2．合理安排自己的时间

当人一心扑在事业上的时候，恨不得一天有48小时，恨不得世界上其他东西统统消失，只有工作。这也是现代人的可悲习惯之一。工作狂虽然容易取得成就，支付的却是自己的时间与健康，如果没有一定的时间维系感情、休整身心，早晚有一天会发现自己的生命里只剩下工作，再无其他东西。

重视工作的人要特别注意合理安排时间，可以把休闲与和家人团聚合二为一，既照顾了家人的情绪，也舒缓了工作的压力，保证自己得到足够的休息，一举多得。如果事先商定的休闲活动被突来的工作打断，也要表达自己的歉意。

3．别把工作带回家里

劳碌了一天，你身心疲惫，这个时候你应该把和工作有关的一切统统留在自己的公司，以轻松的心态回到家中享受天伦之乐，工作中的情绪更不应该带回家里，在工作中遇到不快，也不能拿家人当出气筒。将心比心，你劳累一天回家后，想不想看到自己的爱人板着一张脸，在你们的客厅继续加班？

事业与感情能否平衡，关键在于你愿意付出多少努力。即使工作再忙，你辛苦一点，打个电话多一句问候，就能让爱人理解你的苦心，只要坚持下去，你们会找到最合适的相处模式。在某些时候、某种场合，事业和感情的确有轻重之别，但在任何时候都不要为了其中一个而完全放弃另一个。

第九章
落魄无枝可栖，春风自化冰石
——以淡然之态跨越挫折

人生几多坎坷，或是梦想搁浅，或是仕途艰辛，或是飞来横祸，或是人生变故……每天以泪洗面、悲痛万分也于事无补，这就需要我们修炼淡然面对坎坷的心境。如果能够淡然一点，那么所谓的苦恼、忧愁、痛苦也就显得微不足道了。

痛过后才能体味更深的甘甜

想要得到鲜花和掌声，先要经过无数的等待。在等待的过程中，升华的经验成为能力。当一个人懂得调整心态、直面生活、运筹帷幄的那一刻，当这种内敛的智慧反过来作用在生活中，我们不难发现它在不知不觉之间已让我们具备了诸多优势，其中包括抵抗痛苦的心理素质。

在人生的旅途中，痛苦是每个人最不愿面对，又无法回避的东西。痛苦的时候，觉得自己是世界上最不幸的人，做什么事都提不起精神，甚至明明知道做一些事就能减缓痛苦，也颓废得不想去做。痛苦使人们恨不得脱离自己的肉体，找个安静的地方不再想任何事。用成语形容痛苦莫过于“肝肠寸断”，痛苦是疼痛的、缓慢的、不间断的，让人失去理智。

很多事情能使我们心痛，最让人心痛的莫过于“失去”和“得不到”。有些事情绞尽脑汁、费尽心力地争取，结果仍然是失败。看着胜利者的笑脸，心中的失落、羡慕、忌妒、不甘一齐涌上来；而曾经拥有的东西一旦不再为自己所有，心中的悔恨、怀念、遗憾也让人备感折磨，更让人难受的是：痛苦一旦成了定局，多数情况下很难改变。

想要改变痛苦的状况，只能从自己的心态上着手，而不是对无法逆转的现实做无用功。即使肝肠寸断，也要懂得一时失去的并不是生命的全部，那些被你视为生命意义的东西，在其他方面也可以弥补。“失之东隅，收之桑榆。”有时新的收获就在痛苦旁边出现，如果你一直盯着痛苦不愿解脱，你也就失去了更多获得快乐的机会。

曾加和曾怡是一对感情非常好的姐妹。曾怡比曾加小两岁，从小就依赖姐姐，姐姐曾加性格温柔，什么事都照顾妹妹，妹妹有时候耍小脾气，她也都让着妹妹。姐妹俩同一个小学、初中、高中，妹妹高考的时候，填的学校都在姐姐大学所在的城市，她们如愿以偿地又生活在了一起。即使后来有了各自的生活，也要每个礼拜在一起聚一聚。

然而，一次突来的车祸夺去了姐姐曾加的生命。曾怡觉得天塌了下来，她每天沉浸在对姐姐的回忆中，觉得世界上和自己最亲的人消失了。整整一年的时间，她每天都在流泪，工作结束后就把自己关在屋子里不肯出来，当周围的人渐渐恢复了生活，只有曾怡依然活在姐姐去世的阴影中，无论如何也不能接受这个事实。

直到有一天，曾怡发现自己的妈妈变得满头白发，她悲伤地问："妈妈，自从姐姐走了，你变老了。"妈妈说："我变老不是因为你姐姐，而是因为你每天都这么难过。你姐姐走了，我伤心，但我知道自己还有一个女儿需要关心，而你却忘记了自己还有其他亲人。"曾怡这才明白一直沉浸在个人的伤感中是对亲人们的双重伤害，她决定努力走出阴影。

亲人去世是一种剜心之痛。特别是与自己有深厚感情，曾朝夕相处的那些亲人。故事中的曾怡为失去姐姐痛苦，在母亲的提醒下，才发现自己一直沉浸在痛苦中并不会让情况好转，只会失去更多的东西，并且让更多的人因自己的痛苦而痛苦。把痛苦留在过去，才能更好地活在当下，否则只会把当下和未来一同拖进痛苦的深渊。

面对痛苦，人们需要忍耐和正确的认识。对痛苦的忍耐不是冷血的表现，因为人生的目的并不单一，我们有许多责任需要承担，不能因为一份痛苦而将所有的责任搁浅，这是一种懦弱和逃避。如果我们能够忍住痛苦，让自己振作起来撑过去，回头再看过去，就会对痛苦有更深刻的认识。例如：

1. 每个人的人生都不圆满

人生有起有伏，没有人能够事事顺利，所有人的人生都不圆满。如果不能认清这是生命的常态，之后的人生会有更多的痛苦，到时候要如何面对？此时的痛苦就像一剂预防针，让你提前熟悉它的强度和影响，只有磨炼出足以对抗痛苦的心理，才能在未来的岁月以强大的精神状态经历种种不如意，保证自己不被现实击垮。从心理上接受人生的不圆满，也就能够明白痛苦的必然性，不会因为痛苦而否定人生。

2. 不要因过去而耽误现在

痛苦的感觉虽然是现在时，但痛苦的缘由都在过去。换言之，人们多是在为过去痛苦。而对于将来的烦恼，现在就开始痛苦，未免有点儿太早。不论过去还是未来，人们能够把握的时间只有现在，即使痛苦挥散不开，也不要被压得失去竞争能力。不论什么原因，耽误现在都是一个错误，它会造成将来更多的痛苦。为了避免将来后悔，在痛苦的时候，也要完成那些该做的事，承担那些必须承担的责任。

3. 人生因痛苦而丰富

不论痛苦还是幸福，都是人生的宝贵经历，即使结果不尽如人意，那些让你付出过、努力过、欣慰过的事，都是不可多得的财富。让你从中得到的经验，比教科书上教导的要多得多，一个真正经历过痛苦的人，往往有旁人没有的勇气、魄力、能力，他们靠的就是与痛苦的不懈抗争。要相信所有痛苦都会过去，变为宝贵的回忆。

而且，天无绝人之路，有痛苦，也会有希望。痛苦中，人们仍然有不愿意放弃的信念，仍然有对生活的渴望，这种渴望可以激发人的潜能，让人变得坚强，甚至做到一些自己从不敢想的大事。痛苦是对人生的一种磨砺，如果每个人都能以这种想法对待痛苦，那么悲伤就不再是长久的阴影，而是成功的前奏。

未来，才值得执着

很多人都在痛苦，为了痛苦失眠压抑、自暴自弃，看不到生活的乐趣。导致痛苦产生的原因千差万别，那么导致痛苦产生的根本原因究竟是什么？如果我们仔细思考，就会发现每一段痛苦都对应着一份执念，痛苦的感觉大多不是来自于外界，而是内心对自己的暗示。对那些自己期待过、拥有过的东西，人们放不下，也不愿意放下，而痛苦产生的根本原因就是人们对某件事物的执著。

人们的执著也分几个类别，有人为自己的理想执著，一旦理想不能实现，他们就会失魂落魄，完全失去生存动力；有人为情感执著，一旦想要的感情不能属于自己，就会长时间沉浸在苦闷中，不得解脱；有人为意外打击执著，无法相信事实，不愿接受事实，只能被事实压得喘不过气……太过执著造成的痛苦，不论旁人如何劝解，也不能释然，只能让这痛苦一直拖着，只因心中不能放下某个理想、某段情感、某个让自己伤心的事实。

想要修炼内心，需要摒弃不必要的偏执。佛家说，有慧根的人都懂得放下执念。不论这事实是痛苦的还是不幸的，他们相信未来可以改变，也就愿意放弃自己的执著，一切为明天着想。这种心理变通能力使他们不会被一时一事压垮，而是把目光放到最长远处。

小玉考托福又失败了。

她已经不知道自己失败了多少次。从大学开始，她就想要出国留学，但每次都卡在托福成绩上。为此，小玉白天黑夜拼命背诵单词和例句，图书馆里每天都有小玉做卷子的身影。可是，辛勤的耕耘并没有换来预期的收获，也许小玉天生就不适合学外语，每一次她都过不了分数线。毕业后，她曾经参加过学习班，但还是不能改变失败的状况。

小玉为此深深痛苦，她不明白为什么别人就能考得很轻松，自己如此努力却一直过不了线。小玉的导师听说这件事后特意打电话给她，对她说："从大学的时候我就发现你并不适合出国学习，你对外国的语言有隔阂。但是，你的专业成绩非常好，在国内也会有好的发展，不要因为太执著而丢掉了更好的机会。"

小玉仔细思考着导师的话，大学四年，毕业一年，她每天除了学习就是学习，一心为出国努力，但她却不知自己的专业在国内更容易有发展，为什么自己一定要去国外？如果她不是这么想出国，她也会像其他同学那样找到前景好的工作，不会像现在这么不如意。想通了的小玉决定暂时放下考托福，先去找工作。没想到，工作一年后的小玉不但顺利通过了托福考试，还得到了一个公司外派的名额，她没想到当自己解脱之后，成功竟然自己找过来。

痛苦源自执著，幸福始于解脱。故事中的小玉把自己从旧的思维中解脱出来，迎接她的是接踵而来的机会，这让她惊喜不已。其实生活就像这个故事，觉得自己没有机会、没有运气，是因为我们把自己限定在一个区域内，根本不去看其他的东西。世界这么大，如果非要站在不适合自己的角落里，难怪收获的只有痛苦。而那个适合自己的角落也许就在离自己不远的地方，等待你去发现。

痛苦的人“放不开”，懂得放弃的人才能有新的机会。就像一个装满的背包，你把它放满令自己痛苦的东西，拿什么装快乐？如果觉得肩头负担太重，不妨考虑将背包里的东西一次性倒掉，寻找新的东西装进去。心灵也像这个背包，常常清理那些让自己痛苦的东西，学会放弃那些不切实际的执著，就会发现生命别有洞天。那么，如何转换思维、放下执念？

1. 换个目标

我们的目光常常锁定在已有的目标上，旁边的东西即使金光闪闪，也很难吸引我们的注意，并且还会为这样的自己自豪，认为自己不被诱惑所动。可是，你有没有仔细想过，也许那个目标才是诱惑？因为它是你放不下又得不到的东西。

如果明知道自己得不到，倒不如放下心中的不甘，换一个目标。也许比你想要的那个目标好上一百倍，也许你得到后才会发现自己因为目标错误而耽误了很多时间。

2．换条道路

有些人喜欢用直线思维，认定一条路就不想更改，因为改弦更张难免有毅力不够的嫌疑。但是，成功靠的不只是毅力，还有观察力和随机应变的能力，明知前方是死胡同，还要去撞一撞南墙，这不叫毅力，而叫傻。

面对痛苦也是如此，如果有一条路让你痛苦不堪，你就应该迅速地走另一条路，柳暗花明，也许你便走到了新的天地。即使走不到新天地，至少告别了令你悲伤的过去。

3．尝试更多可能

人是主观动物，总是觉得自己执著的事物就是最好的，什么也比不了。谁也不能否认你想的是对的。不过，当你执著的事物不属于你，你是不是应该去试试其他事物，找一个更好的？生命有无限种可能，在死亡到来之前，你无法断定究竟什么东西能让你最幸福，至少你不应该和让你痛苦的事物一直纠缠不休。换句话说，你应该执著的不是过去，而是未来。

用心灵倾听生活中的点滴幸福

我们常常看到这样的一种人：他们看上去事业有成、家庭美满、一切顺利，谁都觉得他们的生活应该很幸福，但他们却总是露出不如意的表情，好像心中有极大的不满。当有人对他们说出羡慕的话，他们的表情更加微妙，半是痛苦半是无奈。也许喝醉酒的时候，他们会向朋友吐露几句真心话。原来，他们心中有一段放不下的过去，这让他们总是不能满足于现在的生活，总是想着当初如果有另一种选择的话，生活是不是更美好?

可是，即使他们得到了重新选择的机会，真的就会得到比现在更美好的生活吗？每一种生活都有不圆满的地方，选择其中一种，就意味着放弃另一种。如果始终留恋曾经的错过，想着“可能”，现在的生活即使美满，也成了“鸡肋”。可见，如果生活一直持续这种“鸡肋状态”，即使现实再好也不知满足。事实上这是一种病态心理。

注重当下是每个人应该具备的意识，如果当下的生活是幸福的，更应该加倍珍惜。要知道多少人想得到这样的生活却还在奋斗，你得到了却视为“鸡肋”，这不但是对自己努力的不尊重，也是对身边人的不尊重。要想想你现在的生活不只有你自己，还有你的亲人、朋友、爱人的无私奉献。你因为自己的某个执念而忽视他们的付出，这是一种不惜福的表现。一旦有一天他们不在了，你才会了解自己失去的远远比想像中的那些东西要珍贵得多。

双双从小就学习小提琴，一直想要做一个音乐家。在很小的时候，她就主动放弃了自己美好的童年生活，把时间用在一次次的练习上。可是，音乐需要天分，双双虽然也获过一些奖，老师们却说她不会有太大的发展，最多考个师范院校的音乐专业，今后当个音乐老师。

父母对双双没有太高的要求，他们觉得当个轻松又能赚钱的音乐老师很不错，何况双双是个品学兼优的好学生，她还有其他很多选择。高考前，双双也想报一所好的音乐学校，却发现自己想进的学校高手如云，自己根本没太大希望。她的文化课成绩非常高，也不想考一所一般的学校。最后，双双放弃了音乐，考入了一所重点大学。

从此，双双心里总有说一种不出的遗憾，尽管她顺利毕业，找到了好工作，建立了美满的家庭，但想到童年时候的梦想，她还是会觉得心痛。丈夫知道这件事后安慰她说："虽然你没能成为音乐家，但你学过的音乐还在，你应该珍惜它。"

从那一天开始，双双又拿起了小提琴，每天都花一个小时沉浸在音乐世界中，让自己平心静气。她还和小区里的几个音乐爱好者组成了一个小小的"交响乐团"，在公园里演出，她发现自己并没有被音乐抛弃，相反，她享受着音乐带来的幸福。

痛苦来自对过去的执著。换句话说，痛苦在于遗忘了已有的幸福。就像故事中的双双，她太想当个音乐家，当愿望落空时，她甚至忘记了音乐带给自己的快乐。太过盲目的痛苦，会让人只看重结果，而忘记过程中得到的东西。这是很多人的遗憾，如果他们愿意理智地分析自己的痛苦，会发现尽管结果不尽如人意，还是有一些东西让自己终生受益。

人生的过程往往苦多于甜，能够把握的幸福并不多，不能让痛苦霸占幸福的空间。而且，只有抓住幸福，才能把痛苦看淡，才能真正学会忍耐和选择。即使人生有再多的风雨，也不能带走内心宝贵的幸福。那么，如何保持内心的“幸福感”？

1. 避免抱怨

对当下生活的抱怨是人们忽视幸福的重要原因，抱怨直接造成了人们的诸多痛苦。在抱怨的前提下，一切事情都是不顺利的、不能让人满意的，甚至都是痛苦的源泉。

避免对人对事的抱怨，能在很大限度上避免痛苦的产生。对人对事有所求，最后没达到目的才会痛苦。如果对人对事抱有平常心，充分理解他人的能力和事情的发展，就不会事事苛求，自然也不会有痛苦产生。

2. 避免懒惰

人一旦对生活产生某种惰性，也就对生活失去了探索的兴趣。不论这种懒惰的对象是自己的工作，还是对身边人的热情，抑或是对周围事物的好奇心，你懒洋洋地不再理会它们，它们在你眼中也就成了一堆打蔫的白菜，根本没有乐趣可言。

想要提高幸福感就要保持对人对事的热情与勤勉，多与它们接触，多发掘它们的内涵，你总能发现惊喜，而不是日复一日的厌倦。

3. 避免贪婪

平心而论，生活给了我们诸多痛苦，但也给了我们很多有益、快乐的东西。例如，某些方面的才能、某些重要的人、某些愉快的经历以及我们最宝贵的生命。一个人如果懂得知足，他会觉得自己的生命很丰富，并因为这种丰富产生幸福感。心灵一旦被贪婪占据，就再也不会满足于当下的生活。有理想、有抱负的人对待生活有目标，却不贪婪，他们把握着实实在在的幸福，为着幸福逐步添砖加瓦，而不是吃着碗里的惦着锅里的，始终放不下贪心。

总之，少一分对痛苦和失去的埋怨，就会多一分快乐的可能。幸福有时候并不在于你追求着什么，而在于你珍惜了自己已经拥有的东西，并且充分认识到它的价值。唯有如此，你才会懂得什么是真正的充实和快乐。

历经苦寒，才寻得梅花暗香

当人们陷入痛苦之中无法自拔时，都会希望自己突然获得某种神奇的力量，这种力量能让自己度过煎熬，变得强大，战胜自己害怕的事物，成为一个更加优秀的人。也就是说，痛苦中的人都渴望重生，他们想要得到一种全新的生活，做出一种全新的选择，而不是一味地被痛苦追赶，没有对抗的能力，也没有逃避的可能。

其实，每个人身上都具备在痛苦中重生的力量，这就是忍耐力。忍耐，能够使人战胜痛苦、超越自我。当一个人在痛苦之中，心中填满无可名状的悲愤与酸楚，但还没有放弃对未来的希望，这个时候他必须忍耐环境施加给他的种种压力，才能一步步重新开始。重生需要一个过程，过程的每一个环节都需要忍耐，但结果会告诉我们：忍耐是有价值的。

一些人认为克服痛苦是一个“愚公移山”式的过程，一点一点地搬运那些对自己不利的东西，然后开拓出一条自己心目中的道路，即使旁人嘲笑自己，也不放弃这份信念。人都有“傻”的一面，这些人不当只会投机取巧的聪明人，该聪明的时候他们比谁都睿智，该“傻”的时候他们可以比任何人都“傻”。

古代有一个剑客，年纪轻轻就打败了无数高手，美名传遍江湖。可是，这个剑客性格轻狂，常常惹是生非。有一次，他在山间寺庙前戏弄一个小和尚。他与小和尚比武，逼小和尚使出所有招式，逐一破解，逐一嘲笑，并把小和尚的门派贬得一无是处。小和尚十分气恼，无奈技不如人。此后，剑客常常对人提起小和尚，不断挖苦他。

小和尚决定勤修武艺，以期有朝一日报仇雪耻。他身边的人知道这件事后，都说他白日做梦。在众人的笑话中，小和尚日复一日地练剑，他相信功夫不负有心人，有一天他一定能和剑客一决胜负。

小和尚一练就是十年，他终于有信心去找剑客比武，而剑客早就忘记了他，仍和他比画起来。剑客没想到一个相貌平平、没有任何名气的和尚竟然能和他打成平手。他恭敬地请和尚饮茶，称赞他的剑术。这时和尚才知道，经过10年的忍耐和磨砺，他已经成为顶级高手。

故事里的小和尚一日受辱，十年辛苦，最后一朝成名。世界上没有忍不过的事，随着历练的增加，每个人都可以在痛苦中重生，成为让人刮目相看的人。这时候，也许我们会回过头感谢自己受到的痛苦，如果没有这份痛苦，没有因痛苦而生的斗志，也许我们仍是普普通通的人。所以，当痛苦到来的时候，不要仅仅将它看作是一种劫难，它同样可以是一种考验、一种机会，看你如何度过、会不会把握。

有些事必须理智地放弃，例如无法改变的过去、目标过高的理想；但有些事却绝对不能，例如自己的尊严与信念。面对痛苦，我们要时刻告诫自己要忍住，不能放弃，否则自己只能度过平庸懦弱的一生。那么，在痛苦中如何保持自己的忍耐力？

1．不断激励自己

在忍耐的过程中，自我激励是克服痛苦的法宝，要不断对自己强调“我是优秀的”，以此产生积极的心理暗示，即使遇到挫折也不会轻易放弃，而是以更顽强的斗志去挑战。

激励自己应该是一个持续不断的过程，每个人的自信都来自不间断地激励，可以拿出过去的成绩鼓励自己，也可以把他人对自己的正面评价贴在自己床头，总之，一切能够激发自信的东西都不妨拿来一用，这会极大缓解失意和失败带来的痛苦。

2．要有一个大目标

理想往往能够产生巨大的推动力，促使人奋发图强，想要在忍耐中战胜痛苦，要在心理上给自己一个目标，使自己的努力有一个中心、凝聚点，让自己所做的事归于一个统一的目的，不会分散精力。当一个人懂得专注做事的时候，往往能发掘出从前没有发现的能力，激发那些潜在的实力，让自己和身边的人大吃一惊。

3. 不断提醒自己与他人的差距

对抗痛苦是一个漫长的过程。在这个过程中，我们也会有机会获得一些小成绩，这个时候千万不要掉以轻心，要想想自己离目标有多远，看看自己和他人的差距，有时候甚至可以自己打击一下自己的自信，以免得意忘形，因小失大。

在痛苦面前，烦恼和挣扎没有意义，只有一边忍耐着痛苦的侵袭，一边付诸行动改变这种情况，才能真正解脱自己，让自己重生。当你一次次面对痛苦，一次次忍耐下来的时候，你已经积累了雄厚的资本，还有日渐增多的勇气。有一天你会知道，一切痛苦都有价值，一切忍耐都有意义，人生并不只有挫折，还有成功时的喜悦、到达终点时的自豪。

越过痛苦，攀登成功的山峰

有人陷入痛苦中不能自拔，有人却懂得如何在痛苦中疗伤。在生活中，我们不难发现那种“自愈能力”很强的人，他们经受着巨大的打击，却能举重若轻，像往常一样工作、休闲，不是他们什么也不在乎，而是他们更懂得以什么样的状态对抗痛苦、战胜痛苦，而不是被痛苦压倒。什么样的人能够安然度过痛苦？那些真正懂得爱自己的人。

对待痛苦，要有一种自我保护意识，不能让痛苦把自己憋死。痛苦也是人生的考验之一，你为它奉献的时间和心力越少，你度过考验的时间也会跟着缩短。当然，人们很难忘记痛苦，爱护自己的人也不是健忘症患者，他们能做的是尽量减少痛苦对生活的影响，让自己的心态不因痛苦发生扭曲，做出让自己更加后悔的事。他们用这种方法抵抗痛苦，比起自暴自弃，自我保护才是对待痛苦的上上之策。

关爱自己是每个人生命的核心部分，让自己的眼睛向前看。要珍惜生命，懂得未来的重要。事情已经发生、痛苦已经存在，继续把自己放在苦水中，就是把伤口扩大、把失败扩大，还不如尽快认清事实，振作精神，把痛苦当做一个不无裨益的经验。痛苦可长可短、可小可大，关键是你够不够坚强。

一个从小失去手臂的孩子很羡慕长跑选手，常常对人说："以后我要当一个长跑选手，参加奥运会！"听到这些话的人看着他空荡荡的袖子，同情地摇摇头。

没想到这个孩子的决心非常坚定，他要求父母替他报名参加残疾人运动会。比赛前，他每天都坚持练习，琢磨如何让自己跑得更快。后来他在比赛中拿到了第一名，并因此进入市里的残疾人体育队。邻居们都很佩服这个孩子，经常拿他做榜样激励自家的孩子说："不论遇到什么困难都要坚强一点，你看，××是个残疾人，却从来没有放弃自己，你这样一个健康的人怎么能不努力？"

这个孩子听到这件事后说："坚强是每个人都应该有的品质，就算没有残疾，也可能遇到其他困难。遇到困难就倒下的人，才是真正的残疾人。"

那些身残志坚的人常常给我们很多启迪，一方面让我们叹息命运不公，另一方面又让我们看到毅力带来的成功。就像故事中的孩子，没有人相信他会成为一个运动员，他能够相信的也只有自己。不间断地努力，不放弃信念，就是他给自己的最大关爱。面对痛苦，如果自己选择了放弃和屈服，那么命运就只能维持在痛苦中，永远没有超脱的机会。

关爱自我的人向往超越自我，他们更愿意把痛苦当作撑竿跳的跳杆，靠它的助力一跃而起，越过那些常人无法超越的障碍，如果没有最初那个起跳的意愿，一切都是空想，而那个起跳的意愿就是来自对自己的关爱：为什么要放弃？为什么要接受现实？难道我不能克服眼前的困难吗？我差在哪里？这些疑问只要能用努力加以回答，都会给自己满意的答复。那么，我们如何学会关爱自己？

1. 要形成自己的思想

一个人想要拥有坚强的意志，首先要有坚定的思想。每个人都应该在生活中、在学习中形成属于自己的思想，它的基点应该是自强与自立。其中，你需要来自书本的知识、来自社会的经验，还要听取他人的意见及，时修改自己的错误。

有自己的思想最大的好处就是遇事不易动摇，不会轻易迷信他人的建议，造成摇摆不定。有自己思想的人对自己选择的道路能够坚持，也愿意坚持，即使中途出现了痛苦和打击，他们也会在这痛苦中学习如何克服。总之，思想指导行动，有坚定的思想，才有坚定的行动。

2．要培养自己的能力

一个人仅有坚定的思想是不够的，还要有实际上的、克服痛苦的能力。这种能力既包括事业上的，也包括生活上的，甚至包括心理上的。能力的累积不能一蹴而就，而要有目的地训练，有选择地学习，还要迎难而上地锻炼自己。

痛苦最能锻炼一个人的能力，困境也最能激发一个人的潜力，当你面对压力时，不妨转换思维，把困难当做提高自己的机会。当你习惯了在压力中成长，你的能力也会一天比一天提高，直到成功为止。

3．要有自己的快乐方法

人生有数不清的失意和痛苦，相应地，每个人都应该有自己调整心态的方法，如何在逆境中保持乐观、如何在痛苦中寻找快乐，都可以帮你抵御压力、寻找转机，重新获得生活的动力与热情。可以说，有自己的快乐方法，就有自己的避风港，在任何时候都能保持一颗开朗的心，应付那些突发状况。

当你不快乐的时候，你要做的是寻找那些令你快乐的事，这就是最简单的自我爱护和自我保护。学着自我保护，学着趋利避害，学着让自己适应痛苦，在痛苦中有所收获，不要让痛苦过多地影响你的心情，而要让困境最大限度地磨炼你的心志。同时，要懂得自我放松，不论是休闲娱乐还是找人倾诉，只要是能缓解压力的方法都可以试一试。当你学会了关心自己，你会发现人生中的很多事都不那么复杂，痛苦的原因也会一目了然，这时候，你会更理智地放手，更轻松地选择。

坚定信念，战胜痛苦

当我们痛苦的时候，常常希望那些拥有丰富人生经验的老人们能够开导我们，他们的开导或简洁、或长篇大论，最后都会变成这样一句话："要相信，一切都会过去。"是的，我们生命中的一切，无论喜怒哀乐都会成为过去，痛苦也是如此，只是它比其他情绪更加长久，也更加难熬，它给我们的感觉不是"能过去"，而是"过不去"。

痛苦对于人生有什么样的意义，完全由我们的行动来决定，你战胜了痛苦，超越了自我，取得了成就，痛苦对你来说就是一笔财富，你对它充满感激；你被痛苦压倒，一蹶不振，再也不能翻身，在失意中生活一辈子，痛苦就成了你不幸的源泉，你对它由衷地痛恨。其实这一切都是出于你的选择，痛苦的境遇只是诸多境遇的一种，你没能选择努力，而是选择放弃，怎么能责怪它呢？真正该责怪的是你自己。

对现实的正确评估与对自我的不懈坚持相结合，最直接的表现就是坚定的信念。特别是在面对痛苦的时候，信念是最重要的，它能够支撑起一个人的心灵，让他相信一切都会过去。只要坚持住，总有看到曙光的一天，在那之前，你不能先倒在黑暗里。也许有人认为战胜痛苦只是少数人的事，其实绝大多数的人都在与痛苦对抗，能在小处战胜痛苦的人，在大处也一样，只需要再加把劲。

老郑白手起家开了一家工厂。在过去的十几年，他很风光，生意做得很大。但从去年开始，他没能挡住同行们的恶意竞争，宣告破产。这一天，他看着空荡荡的厂房，想到自己一生的事业就这样付诸东流，心头一阵悲凉，他简直想要走上最高的楼层结束自己的一生。这时候，一个清洁工走进厂房，老郑问：“厂子今天已经倒闭了，你为什么还要干活？”

“因为我的工资拿到今天，所以我要把今天的活干完。”清洁工说着开始打扫。

老郑注视着这个清洁工，动情地说：“我记得你，我刚开厂子的时候聘请你当这里的清洁工。我真失败，现在所有的机器都被拉去抵债，什么都没有了。”

清洁工说：“是啊，当年我应聘的时候，这里只是一间空房，后来有了各种各样的机器。”

“是啊，当年这里也什么都没有。”说到这儿，老郑突然想开了，当年的自己也曾经一无所有，不就是靠着自己的头脑和勤劳一点一点成就了事业？为什么不可以再来一次？

“我相信这里今后会有很多机器，到时候欢迎你来这里应聘。”老郑郑重地对清洁工说。

在清洁工的眼里，一无所有是过去，老板的成就是过去，老板的失败也会成为过去。受这种达观心态的影响，破产的老郑重新恢复了斗志与自信。有时候鼓起勇气只是一瞬间的事，不需要太多理由，只需要一个信念。痛苦不能将有理想的人压倒，他们看到的是未来，而不是即将成为过去的现在，即使现在，他们失败了、消沉了，也不代表日后仍然失败消沉。

面对痛苦，可以用自己的努力改变心态、改变环境，信念不只是一个想法，而要经得起现实的打击和考验。信念可以简单，但要有足够的力度和强度，帮你对抗压力。“一切都会过去”就是一个无比现实也无比实用的信念，它既有哲学上的意义，又能指导你的行动，让你相信痛苦总有解脱的一天。那么，如何让一切成为过去？

1. 接受现实

不论是痛苦还是失败，已经存在的事你不能更改，不要徒劳地想要回到过去，也不要总是幻想过去的种种可能，接受现实是你唯一能做的，也是你必须做的。

接受现实的过程是艰难的，一旦接受，心理上就会产生一种“痛苦抗体”，让自己接受痛苦的能力越变越强，能够经受更多的打击。此外，还需要接受的是：人生就是一个不断对抗打击的过程，如此，你才不会因那些突如其来的痛苦陷入绝望。

2．肯定自我

在面对痛苦的时候，你要相信自己、肯定自己。要相信自己有克服痛苦的能力，要相信自己已经拥有的幸福，要相信你生活中的一切事物，还有对未来的希望。

懂得肯定自我才能拥有平静的心态，因为知道自己能够经受什么、如何克服困难，一切虽然有混乱，却还在掌握之中，这是对生命的强大自信。有这种自信的人，在任何时候都不会失态，他们牢牢地把握着自己的人生。

3．保持达观

人生无法预测，面对那些不可知的痛苦，保持达观是最好的应对心态。要知道每个人都会经历痛苦，痛苦之后还会有欢乐。万事万物都有两面性，看得开的人才能过得好。达观，让人能在痛苦中忍耐，在幸福中自省，时刻保持清醒和积极的心态。

把成功放在过去，告诉自己那些是曾经的辉煌，不代表明天还能持续，就能保持谦虚谨慎。一切都会过去，但当一切成为过去时，你留下的是痛苦的回忆，还是苦尽甘来的自豪感，都在于你现在的选择和现在的坚持。

下篇

宁静以致远，淡泊以明志

非淡泊无以明志，非宁静无以致远。

世事变幻，生活无常，

学会做一个知足常乐、安于当下、享受生活的人，

不虚荣、不物质、不攀比、不计较、不执迷，持一份淡泊的胸怀，

看潮起潮落，云卷云舒，

在淡淡的茶香中品味生活的乐趣，感悟人生的真谛。

第十章
半生浮名漫，一生虚妄恍
——以淡泊之怀面对名利

当绚烂的名利烟花迷惑了你的双眼，你是选择追寻虚无飘渺的点滴光亮，还是追寻花开淡淡的白莲？当烟花遮蔽了你的双眼，请选择淡泊以明志，让虚妄重归现实，让绚烂重归宁静。

有人说：“金钱是一种祝福，不过只有在离开它之后我们才能受益。”其实金钱本身并无善恶之分，只不过因人心而变。以一颗平淡、不争的心去接近它，它就会张扬善良，并为人类做出巨大贡献。我们要做的就是要管住自己的内心，看淡金钱，看淡一切，邪财不取。

打破欲望的枷锁才能邂逅快乐

古语云“画地为牢”，以示惩戒之意。今天人们依然在画地为牢，只不过困锁的不是别人而是自己。金钱、权势、名利等等，不断用欲求的枷锁捆绑住自己，为了这些生不带来、死不带去的身外之物而争夺，人们不惜去消磨自己的快乐，交换自己的幸福，甚至出卖自己的良心。

一些世人喜爱求取功名，于是不惜一切代价，然而功名一旦有了就放不下；他们皆图钱财，钱财一旦有了唯嫌不够，还要挣更多；他们不能没有事业，然而一旦有了就更加放不下，不惜牺牲自己的快乐幸福，甚至青春岁月。正是这些身外之物缠绕着我们的身心，使我们陷入世俗红尘的泥淖中不能自拔。

名利、欲望、奢求就如同“罗刹”一般，始终诱引着人去想它们。为了钱，我们东西南北团团转；为了权，我们上下左右团团转。明知道它们是可怕的，却又忍不住去注意它。当你惹它注意时，才发现它有多么的可怕，但你已经无法摆脱它了。

一个年轻人想去智者家求学。路上，他碰到一件极为有趣的事，就想以此来考考智者。年轻人来到智者家，恭恭敬敬地拜访完智者后，便入了座，与智者一边品茶，一边闲谈。突然，年轻人冷不防地问了智者一句：“什么是团团转？”

“皆因绳未断。”智者随口答道。

年轻人听到智者这样回答，顿时目瞪口呆。

智者见状，便问：“你怎么这样惊讶啊？”

“不，老先生，我惊讶的是，你是怎么知道的呢？”年轻人说，“我今天在来的路上，看到一头牛被绳子穿了鼻子，拴在树上，这头牛想离开这棵树，到草地上去吃草，谁知道它转过来、转过去都脱不开身。我以为先生没看见，肯定答不出来，哪知先生一下就答对了。”

智者微笑着说：“你问的是事，我答的是理，你问的是牛被绳缚而不得解脱，我答的是心被俗务纠缠而不得超脱，一理通百事啊！”

年轻人顿悟。

虽然智者的回答与牛无关，但因为他对世事看得穿、看得透，所以一个答案能解千愁。想想我们自己，不是也被一根无形的绳子牵着吗？就像那头牛一样围着那些不相干的身外之物团团转，总得不了解脱。

只要名利之绳、欲望之牢还在，我们就只能转来转去，但怎样也转不出人生三千烦恼。那么我们怎样才能寻得超脱、找得自在呢？恐怕得斩断和丢掉欲望才行。

斩断名利之绳，对活在现代社会的我们而言，就是要斩断心头的压力和欲望。压力也好，欲望也罢，只会让我们把人生的道理想得越来越复杂，结果生活也越来越复杂，这根绳索便越缠越紧，再也不能解开。其实，如果踏踏实实做事、规规矩矩做人，功名利禄能得便得，不得也无所谓，必要的时候放下，这才是最现实且可行的办法。

所谓丢掉，不仅是指物理上的抛弃，更是心理上的“放空”“看淡”。我们之所以总是与烦恼、变故不期而遇，就是因为丢不掉那些身外之物，以至于让它们牵绊着我们的身心。只有放空自己，才能有更大的空间来容纳其他，在你的家里、办公室里，目光所及的任何事物、任何看法和回忆，甚至某个人，只要是让你心情沉重的或产生不好情愫的，就应该把它们丢掉。

去除了一切身外之物，就驱除了一切邪佞魍魉。人，其实是一个有趣的平衡系统。当你的付出超过你所得的回报时，你便会取得某种心理优势；反之，当你所得的回报超过了你的付出，甚至达到不劳而获的地步时，便会陷入某种心理劣势。人是用物质上的不合算来换取精神上的超额快乐的。有时，太过追求物质利益，看似得了便宜，其实却在不知不觉中透了支。这就是要我们大胆地去丢掉、去抛弃。

一个妇人的丈夫开了一家公司，生意红火，这让他不得不没日没夜地忙碌。她的儿子又去了很远的地方读书，几个月才回家一次。

妇人一个人在家里，终日无所事事，便觉得不快乐。

男人心疼女人，便时常劝她说："你去亲戚朋友家走走，跟他们聊聊天、打打麻将，这样才会开心。"女人于是照做了，也果然开心了一段时间。但是一段时间后，她觉得话题已经聊完了，麻将也打腻了，就变得又不开心了。

有一天，她突发奇想要开个花店，男人怕女人无聊，就同意了。花店很快开张了，女人每天去花店做生意，变得忙碌起来了，忙碌而开心。可是过了几个月，男人精算了一下，发现女人不但没有赚钱倒赔进去不少。男人知道女人不是经商的料，但他不动声色。

后来有人问他："你妻子还开着花店吗？"他说："还开着。""是赚是赔？”他说：“赚。”“赚多少？”男人只是神秘一笑。经再三追问，他才悄悄告诉别人说：“赚到十万分的快乐。”

有的人只计较钱有没有赚、名有没有得，却从不计较是不是得到了快乐、是不是赚到了幸福。看来，事例中那位丈夫才是真正的智者，他虽然损失了一些钱，却买到了妻子的快乐，夫妻的和谐，使得一切邪佞之事无插足之地。

去除，简单地说，是一种生活态度，是人生拼搏的另一种境界，它不是消极的承受，也绝非放弃人生应有的追求。只有敢于去除，才能斩断捆绑于心的精神枷锁，从而轻装上阵；只有去除，才能赶走一切邪佞，使快乐丛生。

其实去除身外之物很简单，你可以从身边每一件事做起。如我们应该多吃素食、少坐车多走路等，这些都可以使生活变得简约而轻松，但要把它当成一种生活态度，不仅仅是一种生活方式。只有这样，你的去除计划才能持之以恒。

心大点，就容不下邪念

钱，究竟有着怎样的魔力？为什么人们常说：“钱不是万能的，但没有钱是万万不能的。”难道得到了金钱，就等于拥有幸福了吗？难道为了得到钱，就能出卖自己的灵魂，牺牲自己的品德吗？

美国人安比尔斯编撰的《魔鬼辞典》中对金钱做出了这样一种诠释:“金钱是有文化修养的标志，也是进入上流社会的通行证。金钱是一种祝福，不过只有在离开它之后我们才能受益。”

许多人都喜欢钱财，并把拥有更多钱财当成毕生的事业。微软公司的一位高管就对财富与金钱有着特殊的喜好，认为财富是上帝赐予的礼物；美国石油大王洛克·菲勒也说，钱是他心爱的独生子，非常钟爱它；还有一位美国大亨说，金钱是对辛劳和美德的奖赏。

看来，金钱是能够让人赢取幸福和快乐的，但追逐金钱的路绝不简单。除了上述提及的极个别几个富翁外，大多数人也都喜好钱财，甚至为钱财迷失了双眼，出卖了心灵。钱能带给人的不仅仅是幸福感，更多的还是贪婪和罪恶。

伟大的戏剧家莎士比亚有一部著名的悲剧叫《雅典的泰门》。这个故事说的是：雅典贵族子弟泰门坐拥财富而且慷慨好施，于是身边聚集了很多阿谀奉承的“朋友”。这些人有的是贫苦穷人，有的是达官贵族，他们为了骗取泰门的钱财，甚至愿意为他做牛做马。

于是，泰门很快就家产荡尽，负债累累。那些曾经依附于他的那些所谓的“朋友们”马上与他断绝了来往，而那些债主们则无情地逼他还债。经过这次世事变迁，泰门看尽了人类的贪婪和忘恩负义，变成了一个愤世者。

出于报复，泰门再次举行宴会，向曾经的门客发了请帖，那些人一见宴会如此奢华，以为泰门是在装穷考验自己，于是又蜂拥而至，虚情假意地向泰门解释。泰门气急败坏，揭开盖子，把盘子里的热水泼在客人的脸上和身上，把他们痛骂了一顿。

从此，泰门离家出走，宁可躲进荒凉的洞穴，过野兽般的生活，也不愿意回到富丽堂皇的城市。然而，上帝总是在眷顾他，泰门居然在挖树根时发现了一堆金子。看透世态炎凉的泰门宁可把金子发给过路的穷人、妓女和窃贼，最终在绝望和孤独中悲愤而死。

这是一部悲剧，莎士比亚借泰门之口大发感慨，以揭露在金钱的诱惑下人心的丑恶。听一听泰门的心声吧："金子！黄黄的、发光的、宝贵的金子！这东西，只这一点点，就可以使黑的变成白的，丑的变成美的；错的变成对的，卑贱变成尊贵；老人变成少年，懦夫变成勇士。呵，你是可爱的凶手，帝王逃不过你的掌握，亲生的父子会被你离间……"

这番话将金钱的危险性揭露得一览无余。金钱的魅力可以改变人的眼光、扭曲人的灵魂。钱，除了能充当一般等价物从而购买商品外，还可以出卖人洁净的心灵。有道是："有钱能使鬼推磨。"

哲学家史威夫特说："金钱就是自由，但是大量的财富却是桎梏。"如果我们把金钱当作上帝，它便会像魔鬼一样折磨我们的身心。因此，我们要学会明智地对待金钱。金钱本身并不邪恶，只不过人的内心会因为它而变得邪恶。所以，我们要做的就是要管住自己的内心，看淡金钱，看淡一切邪财而不取。所谓："君子爱财，取之有道。"只要你能保证自己的内心洁净不变，金钱依然是可爱的。

有这样一个寓言故事：

一个贫穷的农夫生性老实，经常做一些善事。后来他的事情传到了上帝的耳朵里，上帝就偷偷在他的鸡窝里放了一只会下金蛋的鸡。第二天，农夫果然在他家的鸡窝里发现了一只金蛋，农夫喜出望外，但转念一想，觉得一定是有人在跟他开玩笑。农夫是个谨慎的人，为了保险起见，他还是带着金蛋去了金匠那里，一经检测，发现它果然是纯金的。

后来，农夫把金蛋卖了，得到很多钱。那天晚上，他为此同家人大大庆贺了一番。

第二天早上，农夫抱着试试看的想法，看鸡还会不会下金蛋，于是在鸡窝里一摸，果然又有一枚金蛋，一连好几天都是如此。

开始，农夫一家人喜出望外，但金蛋越多，人就变得越贪婪，很快他就对每天才得到一枚金蛋感到不满足了。于是，他心生邪念，要将鸡杀死，从而一次性取出所有的金蛋。然而，等杀死鸡后他才发现所有的蛋都还是小小的、正在长着的蛋，而他一枚金蛋也没有得到。

农夫本来因为他的慈善心肠得到一只会下金蛋的鸡，但他为了得到更多的金蛋而迷失了双眼、抛弃了灵魂，结果杀死了鸡，再也得不到金蛋了。

寓言中的鸡代表我们的资本，而鸡蛋代表着利息。没有鸡就没有蛋，没有资本就没有利息。多数人花光自己所有的钱财，有些人甚至花费比收入更多的钱，从而背负债务，于是偷窃、赌博，走上不法之路。

其实，有些人每天都在重复着杀鸡取卵的蠢事，不但没有得到钱，反而丢失了本来的人性。取有道之财、合法之财，人方能光明磊落、坦坦荡荡、心地无私地活着。一个正直的人不会吝啬接受财富，但对不合法之财却从不沾惹。因为不合法之财会让自己受到欲望的牵制，最后受到精神和良心的折磨，落得一生不得自由的悲惨下场。

不要因为一点儿钱财而出卖了你洁净的心灵。孔子就说过关于义、利的看法，即君子得财要正当，如果一个君子扔掉了仁爱之心，那怎么能成就君子的名声？君子就应该时时刻刻都不离开仁道，在紧急的时候不离开，在颠沛的时候不离开，这样才是一个真正的君子。

要做到这一点，就要求我们能够将钱财看淡一点儿，心胸宽广一点儿，当你能容得下万事万物之时，就不会因为一点儿钱财而心生邪念。

莫被贪欲蒙蔽了双眼

“钱财不积则贪者忧，权势不尤则夸者悲，势物之徒乐变。”这是庄子在《徐无鬼》中所说的一句话。意思是说，追求钱财的人往往会因钱财积累不多而忧愁，而贪心者是永不满足的；那些追求地位的人常因职位不够高而暗自悲伤；迷恋权势的人特别喜欢社会动荡，以求在动乱之中借机扩大自己的权势。

世上总有一些人会因为在钱财、名利、地位等方面得不到满足而方寸大乱。面对公司破产、职位被贬等情况，有些人就会蠢蠢欲动，在私底下或背后耍阴谋诡计，结果让自己越陷越深，虽然职位高了，物质生活越来越好了，可欲望也越来越大了，竟再也得不到快乐了。

人生自有其乐趣，并不需要一味地依靠物质，将财富看得过于重要，不停地追逐，即使财富到手，也会失去生活的幸福，这是十分可悲的一件事！

无可否认，财富具有无可比拟的魅力，人们追求财富，是为了更好地生活；美色也同样具有无可企及的诱惑，人们追求它是为了满足自己的私欲。欲望让人们蒙蔽了双眼，最后倾其一生对其穷追不舍，不仅得不到生活的幸福，反而会跌入万恶的深渊。

两个非常要好的朋友在林中散步，同时欣赏着夕阳西下的美景。这时，有个小和尚从林中惊慌失措地跑了出来。两人见状拉住小和尚便问：“小和尚，出了什么事？为何如此惊慌？”

小和尚上气不接下气，忐忑不安地说：“我正在林子那头移栽一棵小树，却忽然发现了一坛金子。”

两人听后哈哈大笑，说：“挖出金子来有什么好怕的，你真是太好笑了。”接着，他们贪婪地问道：“你是在哪里发现的？告诉我们吧，我们不怕。”

小和尚极力劝说：“你们还是不要去了吧，那东西会吃人的！”

两人自觉好笑，异口同声地说：“我们不怕，你告诉我们它在哪里吧。”

于是，小和尚只好告诉他们金子的具体地点，两个人飞快地跑进树林，果然找到了那坛金子。

其中一个人说：“如果我们现在就把金子运回去就太过张扬了，还是等到天黑再运吧！这样，现在我留在这里看着，你回去拿点儿饭菜，我们在这里吃过饭，等半夜的时候再动手。”于是，另一个人照做了。

谁料想，留下来的这个人竟心存歹意，想：要是这些黄金都归我，该有多好！等他回来，我一棒子把他打死，这些黄金不就都归我了吗？

不料，回去的人也在想：我回去之后先吃饱饭，然后在他的饭里下些毒药。他死了，这些黄金不就都归我了吗？

过了没多久，回去的人提着饭菜来到树林，结果他刚进树林，就被他的朋友用棍子一棒子打死了。然后，那人得意扬扬地拾起饭菜吃了起来，吃着吃着，他的肚子就像火烧一样疼痛起来，这才知道自己中了毒，不免后悔万分。临死前，他才想起和尚的话，自言自语道：“和尚的话真对啊，我当初怎么就不明白呢？”

本来非常要好的两个朋友只因为一坛金子，就在瞬间心生歹意变成了仇人，直到临死，才如梦方醒，知道自己是财迷心窍，被贪婪的欲望蒙蔽了双眼。可见，钱财有时不但不能给人带来幸福，甚至还能够夺走人的性命。尤其一旦人被欲望蒙蔽了双眼，人心便彻底迷失了。

人们经常在富贵的诱惑中迷失自我，忘记了生活的本意，结果得到的财富越多，失去的幸福也越多。

在很久以前，人们还靠捕猎来维持生活，可是又没有很好的猎捕工具，因此条件极其艰苦。有个人冥思苦想想出了一个捕捉火鸡的方法，他把箱子制作成一个有进无出的陷阱，一旦火鸡钻了进去，只要把进口堵上，火鸡就插翅难飞了。

第二天，他就来树林里验证这个方法。他抓来一把玉米，从箱子外面一路撒下去，一直撒到箱子里面，然后他在箱子盖上系了一根绳子，自己攥着绳子的一端，远远地躲在一边，等着火鸡的到来。不一会儿，一群火鸡果然看到了玉米粒，便沿着玉米的路线欢快地啄食起来。很快，领头的三只火鸡钻进了箱子里，随后又接连钻进去五只，还有外面两只肥大的火鸡没有钻进去。那人苦苦等着，心想一共有十只火鸡，如果这下都抓到了，一个礼拜都不用出来觅食了。

当这人正异想天开的时候，率先进去的一只火鸡已经吃饱了，并且大摇大摆地从里面钻了出来。这人一看着急了，懊悔刚才就应该拉下绳子，可他想外面还有两只呢，如果这两只都进去了，丢了那一只也就丢了，正想着，又有两只火鸡跑了出来，他还在犹豫着，又有两只跑了出来。

最后，这个人眼睁睁地看着那群火鸡心满意足地离去了，箱子里竟什么都没留下，包括他的玉米粒。

很多人都希望从越来越富足的物质中得到安逸快活的闲暇时光，但很多人却因此而偏离了最终的目的，最后只是为了钱、权、欲望而去追求。就像那个发明了捕捉火鸡工具的人，他本来想活捉一只火鸡，但一见火鸡成群结队地接近自己的圈套，便心生贪欲，不淡定了，结果赔了夫人又折兵。

贪欲犹如一只拦路虎，让许多人烦躁不安，不能静心，如果懂得满足，让自己远离贪欲这只拦路虎，就能给自己的心灵一片轻松，在宁静中自由地驰骋。因此，为了解脱自己，将金钱看淡一些吧；为了享受快乐，将心放宽一些，将欲望减少一些吧！在已经拥有的时候就应当知道满足，从而平心静气地拉下那条欲望的绳子，那么结果就将是另一番景象了。

淡泊心志，静待幸福来敲门

如今在很多国家都流行一种简朴甚至清贫的生活方式。比如追求奢华浪漫的法国人像是改了性格一样，再不会选择那些更现代、更时尚、更奢华的生活方式了，相反，他们越来越趋向“清贫”地生活。这点从着装上就能得到验证，那些白领阶层穿着都十分随意，衣料大都是棉布或化纤的，很少有羊毛、羊绒织品。这与法国人历来的追求时尚传统大相径庭。

在德国人眼中，他们的奔驰轿车跟他们的国家一样值得骄傲，但要是谁开着奔驰私家车招摇过市，一定会遭到鄙视的目光，因为德国现在都普遍选择小排量的轿车作为家用车。

这种突如其来的清贫之风之所以吹向那些经济社会都比较发达的国家，其中一点原因就是对自然环境的保护意识，另外一点也是最重要的一点，就是人们在尝尽奢华之后一种返璞归真的愿望。

在追求了高品质的物质生活后，人们开始反思，究竟这种生活是否真的能带给人快乐和幸福呢？调查显示，美国在过去 30 年里，随着国民生产总值增长超过一倍，觉得自己“非常幸福”的美国人口比例下降了 5%，或者说减少了约 1400 万人。而且，越来越多的人患上了抑郁症。

当人们不再为温饱发愁而开始追求小康甚至更富裕的生活

时，财富反而成为一些人走向幸福的绊脚石。最大的原因就是人们在追求财富、满足欲望的过程中迷失了淳朴的本性。当人们认为有钱就能买到一切的时候，会发现钱唯独不能买到最简单的幸福。

当你的欲望越来越多、目标越来越大时，就会像狗熊掰棒子一样，丢弃了最初的愿望，迷失了自己。

石油大王洛克菲勒出身贫寒，创业初期靠的是勤劳肯干，那时人人都夸他是个好青年。然而随着财富的累积，他变得越来越贪婪。当他富甲一方之后，就更加冷酷残忍了。那时，宾夕法尼亚州油田地带的居民深受其害，对他恨之入骨，甚至还有人制作他的木偶像，然后将那木偶像处以绞刑，以解心头之恨。诅咒和谩骂几乎每天充斥着他的耳朵，就连他的兄弟也对他十分厌恶，可以说洛克菲勒的前半生是在众叛亲离中度过的。

53岁的洛克菲勒在尝尽人世繁华后，被疾病缠身，人瘦得不成样子。医生向他宣告了一个残酷的事实，那就是他必须在金钱、烦恼、生命中选择一样。一语惊醒梦中人，这时的他终于领悟到，是贪婪的欲望控制了他的身心。他听从了医生的劝告，退休回了家，每日打高尔夫球、去剧院看戏剧，还常常跟邻居打成一片。他开始过上一种与世无争的平淡生活。

洛克菲勒发现当他逐渐放下那些华而不实的欲望后，烦恼少了，身体也健康了不少。后来，他甚至开始考虑如何把巨额财产捐给别人。但因为他臭名昭著，起初人们并不接受，说那是肮脏的金钱，可是他没有放弃，通过努力，使人们慢慢相信了他的诚意。

那时，密歇根湖畔一家学校因资不抵债面临倒闭。他听说之后马上捐出数百万美元，从而促成了如今的芝加哥大学的诞生。他甚至将慈善活动投放至全世界，北京著名的协和医院也是靠洛克菲勒基金会赞助而建成的；1932 年中国发生疫病灾害，是洛克菲勒动用基金会资金进行资助，才有了足够的疫苗预防而不致成灾；此外，洛克菲勒还为黑人创办了不少福利事业。从这以后，人们开始用另一种眼光来看他。

洛克菲勒的前半生为金钱迷失了方向，后半生散尽千金，才重返生命的正道。据统计，他一生赚进了 10 亿美元，捐出的就有 7.5 亿美元。他用前半生创造了无与伦比的财富，用余年的岁月找回了因为财富而丢失的世界，那就是用金钱买不到的平静、快乐、健康、长寿以及别人的尊敬和爱戴。

做完这些事情后，享年 98 岁的洛克菲勒觉得了无遗憾了。

人的幸福感是很奇怪、很奥妙的。当有了钱以后，我们未必会感到幸福，甚至有可能很不幸福；而贫穷是不幸的，但当事人如果能够接受现状，安贫若素，并从生活中找到快乐因子，充分享受每一个细微的快乐，则未必感觉不到幸福。

在满足欲望的征程上，我们的幸福变得越来越单调、脆弱、不堪一击，当财富蒙蔽双眼，我们最原始、最朴素、最简单的幸福也就迷失了。

一位常驻非洲维和部队的工作人员在给朋友的信中写道：“我太佩服鲁滨逊了，能在孤岛上生活那么多年，对于我来说，现在最幸福的事情就是能回到国内，同家人团聚。”去除一切利欲享受，人们才能露出那最简单真挚的淳朴。

清心寡欲，才能保留住本性的淳朴。在生活中，只要我们不远离真善美，不被金钱欲望所奴役，那么幸福就会主动来敲门。

幸福不用追求，幸福就在身边

社会发展的步伐越来越快，现代知识也日新月异，人们的心变大了，于是脚步便跟不上心的步伐了。不难发现，越来越多的人不满意自己的现状，越来越多的人把目标定位在追求财富上，一旦不能实现就觉得备受打击，恨不得为此去作奸犯科，只梦想着成为第二个比尔·盖茨或巴菲特。

财富真的是我们所追求的终极目标吗？财富究竟是一个怎样的概念？如果人们能够从某种意义上来解释何谓财富的话，那么财富这种东西相对来说还是比较容易得到的。

比如，你要是把财富理解为拥有一辆法拉利，或是在某个豪华地段有一栋豪华别墅，或者成为某著名企业的领导人，或是将这些条件放在一起的话，那么你一辈子也许就只能做个可怜的穷光蛋了，因为你眼中的“财富”实在太狭隘了。如果将一辈子的时间用在追求这些方面，你就太可怜了，说明你终究还是不知道自己不可或缺的是什么。

如果将高额存款与自由相比，孰轻孰重？也许你为了争取到象征财富的高额存款而一生忙忙碌碌，没有时间欣赏夕阳西下，修理后院的草坪，甚至为你的孩子装一个小小的秋千……你的一生只围绕生意、事业、聚会、谈判而转，这样的人生真的是你所期望的吗？这些东西真的是你不可或缺的吗？

想必，如果你一定要把自己的富有、幸福同巨额存款联系在一起，那么只能说你做成了一件了不起的事，而不能说你这一生就了无遗憾了。

因此，不要再让自己生活在富有者的阴影中，别人的生活是别人的，你看到了他们外在的风光，却不知道他们因此付出了怎样的代价。当你能够这样想的时候，就会觉得如释重负，感到非常轻松、非常愉快。

据说，在发现新大陆后，第一批欧洲人到达美洲并且试图同当地人做生意时是非常艰难的，因为当时的欧洲人不能为当地印第安人提供任何他们所需要的商品。比如，欧洲人的长靴、高级天鹅绒洋裙、带着孔雀翎毛的洋帽、高级雪茄烟等。但欧洲人必须要让印第安人接受这些，因为他们需要从印第安得到动物的皮毛。

于是，欧洲人开始说服并影响印第安人，他们把玻璃球的作用夸张、美化，把酒之类的商品说得神乎其神。当印第安人的富者终于接受他们的商品并开始效仿英国文明时，欧洲人便得到了他们想得到的兽皮等物品。

到 17 世纪末，一个叫作约翰·巴尼斯特的英国殖民主义者说：“欧洲人已经成功地使印第安人去喜欢那些他们原来根本就没有见过的欧洲商品，以及他们过去根本就不曾有过的这些商品，现在经过通商，他们就可以获得。而且，他们非常喜欢这些商品，已经到了根本就不能够离开它们的地步。”

由此看来，改变人类的财富观就是这么简单。其实，你真的对这些商品感兴趣吗？它们对你来说真的是不可或缺的吗？如果是，为什么在得到之前，你依然过得好好的？如果不是，那为什么还需要靠别人的劝说才能意识到你对它们的需要呢？

答案是，通过这种形式对某种东西表达出来的需求并非是真正的需求，而是出于一种虚荣心理。那么去掉虚荣心，这种可有可无的需求愿望自然就失去了存在的基础。

把心放宽，让自己与更加广博的世界连接，这样才有机会发现究竟什么才是你不可或缺的，而不会轻而易举地被金钱诱惑，从而迷失了双眼。

当鲁滨逊漂流到一个孤岛上时，他身上所有的财物只有一支笔和一张纸。然而他觉得自己已经很富有了，他在纸上画了两张表，将于自身不利的情况写了下来：我一个人在一个孤岛上，根本就不用指望有谁会来救我；我没有衣服穿，连护身遮羞的东西都没有。然后，他在另一张表上写下对自己有利的情况：我还活着，没有被淹死，而其他的同伴都已经葬身鱼腹了；这是一个热带地区的孤岛，根本就用不着穿衣服，即便有衣服也未必会穿，如此等等。

然后，他将有利条件和不利条件加以比较之后，做出一个决定：把那些不利的且又无法改变的情况从头脑中划掉，集中考虑那些对自己在孤岛生存有利的条件和情况。于是，他得到一个惊人的结论："从现在起，我即使只身在孤岛，仍然能够觉得自己生活得很幸福、很富有；如果不是在这样一个热带孤岛上，而是在别的孤岛上，也许我就不会像现在这样幸运了。"

鲁滨逊身无分文，并孤身一人流落到荒岛上，这样的人居然觉得自己很富有、很幸福。看来，人们要想生活得幸福愉快，就要正视自己的现实处境，然后发现自己切实所需是什么。

我们要敢于承认生活中所存在的问题，更要切实明白自己究竟需要的是什么，这样再看眼下的自己是不是能够通过些许努力就能实现这些目标。就算一时难以实现，能不能制订一个长期计划而最终得以实现。这样计划之后，你再来评定自己是幸还是不幸。

你只要明白，钱财不是你追求的终极目标，那么你就有希望过上幸福的生活。那些为了钱财而不顾身体健康、不顾天伦之乐的人，就算拥有再多的钱财，也注定不是富有的人。

是否富有不是取决于外界情况。有的人穷得像鲁滨逊一样，身体不健康、身无分文，甚至孤苦伶仃地生活，但只要他们活得开心、自在，他们就是富有的。

凡是追求所谓永远幸福的人，他们肯定是不会幸福的；凡是那些一生都在苦苦追求物质财富的人，他们肯定一生都会觉得自己是很贫穷的。当你能够发现这样一个真理时，你便做到了心如大海。

第十一章
今宵银缸照，相逢是梦中
——以淡泊之怀看待波折

人生的旅途中难免遭受风雨，面对风雨，有人停步而怨天怨地，有人无视而风雨兼程，而智者却选择停下脚步，悠游地听雨打芭蕉，淡然地看池中水涨，淡泊地听蛙声一片。人生这场旅行，抛去匆匆赶路的辛劳，留给我们的恰恰是看风景的心情。

远离安逸，享受心灵的飞翔

我们每个人一生几乎时时刻刻都在受着安逸享乐的诱惑。每当夏季烈日炎炎、酷暑难当之时，就会想起冬日的严寒，以及一家人围坐在火炉边的惬意和温情；然而到了冬日冰天雪地、天寒地冻的时候，又会想起夏日里畅快淋漓地冒着大汗吃着雪糕的激爽与痛快。

人人都向往安逸自在的生活，但人生不会轻易赏赐你安逸，因为安逸实在是一个陷阱。

古人有“生于忧患，死于安乐”的名言警句，后来又有“艰难困苦，玉汝于成”的鼓励。这就在告诉我们，成功总是与艰苦相伴的，而与安逸享乐无缘。那些贪图享乐、害怕挫折困难的人，是永远都无法走出平庸的泥沼的。

安逸是通往成功的最大障碍，安逸的暖流会消磨人的意志。人一旦渴望并接受了安逸，就如同掉进了温柔的陷阱，再也出不来。逐渐地，人便失去了努力的动力和奋斗的方向，成为“蛀虫”，坐吃山空，难以自持和自立。所谓的“富不过三代”，指的就是这个意思。

也许你不敢相信，比尔·盖茨虽位居首富地位，自己却十分节俭对他的孩子们也十分“吝啬”，甚至严格控制孩子们的零花钱。

比尔·盖茨给孩子们灌输这样一种观念：家里的钱都是爸爸妈妈辛苦赚来的，你们要花就应该靠自己的劳动来赚取。于是在家里，盖茨设置了做家务劳动赚钱的规矩，对每一项劳动都明码标价，绝不多给孩子们一分钱，让他们明白钱是靠自己的劳动得来的，而不是可以不劳而获的。

试想，如果比尔·盖茨由着孩子们花钱，他赚的那些钱也可以保证他们一辈子衣食无忧。但若真是那样，盖茨就等于养了一群“蛀虫”，孩子们就不会有什么未来。比尔·盖茨深知太过安逸的环境会对孩子们产生很大的危害，因此宁愿自己唱白脸，让孩子们觉得父亲严厉苛刻，也不愿意他们在安逸的环境里长大、长歪。

人的一生就好像是一次旷野中的旅程，必然要经受风雨无常，因此红尘世人都希望获得一份安逸的生活，然而这就很容易让我们忘记“居安思危”这个道理。有一首禅诗形容得好：“四蛇同箧险复险，二鼠侵藤危更危；不把莲花栽净域，未知何劫是休时。”这来自一则小故事。

有一位行者在途中被一只猛虎追赶，可他身处荒郊野外，根本无处藏身，于是心急如焚，便拼命跑着，突然发现眼前出现了一口枯井，行者欣喜若狂，奔到井边，井边正好有一根藤，于是他便顺着藤往井下躲去。

谁知，当他快要到达井底时竟看见盘着四条毒蛇，都吐着红芯子，昂头盯着他看。行者一看吓了一跳，只好攀着藤挂在半空，不再往下。正当他想松一口气时，却发现两只老鼠正在咬他的救命井藤。一旦藤被咬断，他将跌落井底，受粉身碎骨与毒蛇咬噬之苦。一想到此，行者便恐惧万分，急忙想解决办法。正当此时，一群蜜蜂从井口飞过，滴下几滴蜜来，恰巧竟落在行者嘴边，他一尝，甘甜丝丝入心田，一下子沉浸在甜蜜中，竟忘记了身处险境，最终跌入井底。

这几滴蜜也正是人世之安逸。人在安逸中常常忘记了自己的使命，甚至原来的自己；人在安逸中常常不能忍受挫折，心也容易受影响、受波动；在安逸中，自己的信心也很容易流失，甚至失去原本光明的本性。所以，居安思危，安逸之人一定要守住自己的本心。

中国历史上就有“从来寒门多才俊，自古纨绔少伟男”的说法，这句话说明了环境对于人的影响的深刻性。过于安逸的环境并不会让人得到锻炼和成长，相反只会让人失去斗志，没有奋斗的动力，待在原地不愿前行。成功的人往往都是那些经历过大灾大难或者贫苦生活打磨的人。

除了在金钱上的安逸，还有思想上的安逸。如果一个人对自己目前的状态过于满足，就失去了任何想要进取的动机。这种安逸不仅从经济上危害人，更重要的是它会让人彻底失去前进的内在需求，让人整日“混日子”，没有任何进步可言。其实，每日认真努力工作也是一天，浑浑噩噩混过去也是一天，为何不让自己的人生变得激情充沛一些呢?

纵容自己在太安逸的环境中，抱着安逸的思想，其实是在自掘坟墓。为此，与其祈求那害人的安逸，不如对自己狠一点儿。这里的“狠”，指的是有意识地让自己吃一点儿苦，让自己在吃苦受累中得到成长。这是一种自我督促，不至于处于安逸的环境里停滞不前。

比如，今天的工作任务是下班后背诵一首古文，很多人就会给自己找各种理由，诸如上班太累了，不如跟同事一起去放松一下，回来再背，结果玩完了回家倒头就睡，完全忘了自己给自己定的任务。时间一长，所有的计划都打乱了。

不祈求安逸，其实是对今后的波澜不惊做准备。心宽者能够容得下安逸，更能经得起波折，只有从容淡定地对待这一切才能度过一个波澜壮阔的人生。要知道，一开始就选择享受的人和一开始就执着奔波、千锤百炼的人，最后的结局往往是后者成了珍品，前者成了废料。

心中自有甘洌的泉水

挫折能带给我们什么？是悲观，是沮丧，是丧失自信，是失去正常的判断力。也许这是大多数人的看法，于是很多人害怕挫折，想尽一切办法逃避困难。但其实你逃避的不是困难和挫折，而是一次成长的机会。

挫折的确会带给我们一些悲观、失望等消极的情绪，以至于让我们对事物失去正常的判断力。这时，你的确不应该对重要的事情做出裁决，特别是可能对我们的生活产生深远影响的人生大事。但这种悲观沮丧的消极情绪不会影响我们的一生，它只是暂时的，是能够摆脱的，只要你能将心放宽一些，将荣辱成败看淡一些。

当事业上经历挫折的时候，如果我们能够摆脱悲观的情绪，在失败中寻找契机，也许我们就能成功；在生活上遭遇困境时，如果我们能够乐观积极地看待，不让意志消沉，我们就会在黑暗中看到曙光。

当你能够学会珍惜挫折而不是逃避的时候，你的心胸将会更加宽广。一个人在看不到希望时，仍能够保持乐观，仍能善用自己的理智，这是十分不容易的。这时的挫折不但不会消磨我们的意志，反而能够助我们穿越绝境转败为胜，通往人性的豁达。

约翰从小立志当医生，在20岁的时候，他如愿以偿地考入医学院。刚一入学，他就被医学院严谨的学习气氛迷住了。可是，好景不长，基础知识学完了，他们进入了解剖学和化学的课程。这时，约翰每天都要面对着不同的尸体，这让他感到十分恶心。以后的日子里，他每次走进实验室都心惊胆战，唯恐又见到什么让人想呕吐的景象。

恐惧的心理一直折磨着约翰，直到有一天，他开始怀疑自己的选择是错误的，而自己也根本不适合医生这个职业。思量再三，约翰决定退学，然后选择一个更适合自己的职业。第二天，他就把这个决定告诉教授，教授只说："再等等吧，你现在的决定并不能代表你的心声。等到你的决定忠于你的心的时候，你再来找我。"

于是，日子就这样一天一天过去，约翰依然每天都在受着恐惧的煎熬。这样不知过了多久，他居然开始习惯了实验室里福尔马林的气味，熟悉了各种尸体的结构，渐渐地不再对实验室感觉畏惧了。四年后，约翰以优异的成绩毕业，同时还接受了一家大医院的聘请，成了那里最年轻的医生。

多年后，在一次同学聚会中，教授笑着对约翰说："还记得吗？你当年想放弃。""是的，教授，您阻止了我。"教授说："那时候你太悲观，还不能了解自己的心，所以我让你冷静下来。约翰，你记着，人在遇到挫折、悲观失望的时候，千万别马上作决定，要给自己一点儿时间想一想，之后得到的答案也许就跟原来不同了。”

当你遭遇挫折的时候，千万不要以一个悲观的心态作决定。智慧才是最有用的，它能帮助你做出正确的抉择，当有人引诱你走放弃的道路时，要静下心来，坚定自己的目标而不受外界影响。当你的心开始动摇的时候，要懂得宽慰自己，心淡者，淡对波折而不恼。放宽心，等一等，当那些消极的心境都过去之后，你才能做出正确的判断，从而走上成功的道路。

如今许多年轻人在工作遭遇困难的时候选择放弃，换到自己完全不熟悉的领域。殊不知，这只会让他们面对的困难更大更难，如果还是没有信心，任由悲观失望的情绪控制，那么就注定了一事无成。

艰难困苦能磨炼人的坚强意志，这往往是我们成事的心理基础。人生在世，没有谁的道路是风平浪静的，你选择怎样面对，就有不一样的诠释。有的人选择逃避，选择破罐子破摔，这时的挫折就成了他们的致命伤，而如果你选择放宽心态接受它、挑战它，挫折反而会为你的成功增添一臂之力。

将心放宽，看淡挫折和困难，任何时候都不要放弃希望，那么你终将抵达成功的彼岸。

在一片茫茫无垠的沙漠上，尘缘法师同几位弟子在那里负重跋涉。

炽烈的阳光烤得脚下的沙粒发烫，口渴如焚的几位师兄弟已经很久没有水喝了。水是沙漠中的信心和源泉，一旦没有了水，后果可想而知。

大师兄实在忍不住了，问师父还有没有水，师父没有答话，只是从腰间拿出一个水壶说："还有满满一壶，但在成功穿越沙漠前，谁也不能喝。"

几位师兄弟欣喜若狂地凑过来摸着水壶，感觉水壶沉甸甸的，一种生命力在他们的脸上逐渐弥漫开来。

不知走了多久，终于，他们挣脱了死亡线，成功穿越了沙漠。当他们喜极而泣时，突然想起了那壶给了他们力量和信念的水。

这时，尘缘法师打开了壶盖，一壶细沙缓缓倒出，几位师兄弟震惊了。尘缘法师对众弟子们说："瞧，只要你想，干枯的沙子也可以成为清冽的山泉，只要你的心里驻扎着水一样的淡定和宽广。"

沙子是沙子，清泉是清泉，怎么能够混为一谈呢？其实，只要你想，就可以。无论生命处于何种境地，无论你遭遇了怎样的挫折和打击、承受着怎样的绝望，只要心中藏着一片清凉，生命自会有一片诗意的栖息地。我们最宝贵的财富之一便是希望，所以罗素说："从感情上讲，未来比过去更重要，甚至比现在还重要。"珍惜小小的挫折，把现在的挫折当成未来成功的信念，那么你就有勇气和力量穿越种种不幸。

每个人在一生中都可能有消沉的时候，居里夫人曾两次想过自杀，奥斯特洛夫斯基也曾用手枪对准过自己的脑袋，但他们最终都以顽强的勇气走向新生活，获得了巨大的成就。可见，一时的挫折并不可怕，可怕的是你没有宽广的胸怀容纳挫折。

我们不能控制命运，却可以掌握自己；我们无法预知未来，却可以把握现在；我们无法左右变化无常的天气，却可以调整自己的心情。淡定一点儿，从容一点儿，与挫折共舞，你的胸膛将会更宽广。

轻松和明月，足矣

《庄子·养生主》云："安时而处顺，哀乐不能入也。"大意是，安于常分，顺其自然，满足于现状。我们不得不说，古人的智慧真是高深莫测，是一些浮躁功利的现代人所不能比拟的。

曾有一位当代知名书法家为一位名人题字，名人表示说自己钟爱"室雅人和"，但最终书法家题了另外四个字：随遇而安。也许书法家考虑名人年龄和阅历，才题了这四个字。其实，随遇而安讲的就是"安时处顺"的奥妙。

安时，说的就是按时辰、时间的顺序前进，该做什么就做什么、该什么时候做就什么时候做，不特立独行，不独占鳌头。往深了讲，则带有一定的禅机，即这个时刻能做些什么就做些什么，不强求，因为做任何事情都要密切观察事态的发展，只有静下心来等待玄机，才能顺理成章地成就点儿事情。

处顺，即是一方面顺势发展，自得其乐。当时机还未到时，安守本分，不骄不躁，心淡如云。一旦时机成熟，则应当顺应时机抓住机会，应势而行。处顺要与安时配合起来，只有这样，一个人才会渐入佳境，即使修不成正果，也算锤炼了修养、修炼了意志、陶冶了情操。

大文学家苏东坡曾经多次被流放，对此，他却能泰然处之。他说，要想心情愉快，只需要看到松柏与明月也就行了。何处无明月？何处无松柏？只是很少人有他那般的闲情与心情罢了。如果每个人都能放宽心，做到随遇而安，及时挖掘出身边的趣闻乐事，那么不管是生是死都能轻松对待。

环境往往会有不尽如人意的时候，问题在于个人怎么面对拂逆和不顺。知道人力不能改变的时候，不如面对现实，随遇而安。与其怨天尤人，徒增苦恼，还不如因势利导，适应环境。由不如意中去从容地发掘新的前进道路，才是求得快乐与安静的最好办法。

曾有一位古稀老人看透世间岁月，总结了这样一句话：活到50岁，好看难看一个样；活到60岁，有权无权一个样；活到70岁，钱多钱少一个样。即使是同一个人，对自己、对社会的看法也会随着时间的推移而发生不小的变化。其实，人生的过程就是这么简单，不能复制，也不能随意剪切。

庄子大概是最能看淡生死波折的，他在《逍遥游》中说：生命长短，两事物之间没有任何可比性。使命不同，生命的价值也不同，它们之间的称谓也就不同。那些朝生暮死的菌类以及不知春秋的寒蝉所过的也是一生，500岁的灵龟与8000岁的椿树也是过这一生，只不过前者也许羡慕后者的寿长，却不知道后者也在羡慕前者的干净利落。前者永远不明白后者的苦恼，后者永远不明白前者的羡慕。

《养生主》的内核是“顺应自然”，然而一些现代人却不够淡定坦然，常常用有限的生命追求无限的、个人本身欠缺的东西，于是遇到一些波折便深受打击，遇到困境便破罐子破摔。怎知一切皆有定数，又何必为一时的命途多舛而烦忧呢？

人的生命是有限的，而功名利禄均是无限的，用有限的生命追求无限的功名利禄，怎么能不窘困呢？到了最后，庄子所阐释给我们的还是对生命所获、所失的决绝，是对生与死的决绝。

我们要相信生活会有最好的给予，应了那句话：“命里有时终须有，命里无时莫强求。”因为小时候的一次意外而失去一只脚的大师，为自己取的法号为“右大师”，他对自己的遭遇并不自卑难过，因此坦然地说：“这就是老天爷给我的，我不怨别人。”接受上天的给予，无论好坏美丑，都应该感谢，不屈不挠，顺逆都自在。

把一切都看作是上天赐予的，不管是顺境还是逆境，不管是成功还是失败，不管是福禄还是灾难，只管好好享受。不管过去经历过什么，不管将来又将怎样，只把握住此时此刻，珍惜现在，努力生活，远比怨天尤人好。

对于那些已经失去的就不要太怜惜了，因为这对你以后的生活没有任何价值，只会让你的心纠结着放不下、看不淡。就像右大师不会盼望上天重新送他一只脚一样，不要再祈求你根本没见过或者曾经拥有但已然失去的东西。

如果你不能放下，不能看淡，等到了暮年之际，看看周围的世界，就总会恋恋不舍，认为自己这一生拥有太多的遗憾，很多事情没有完成，很多愿望天不遂人愿。怀着这样的遗憾终老死去，岂不是太悲哀、太可怜了吗？心宽一点儿吧，安时处顺地生活，那么生死都将获得自在。

守得云开见月明

失败是成功之母。如果你觉得这是老生常谈的话就大错特错了。单单细数那些获得巨大成功的伟人，哪一个不是先经历了无数次的失败？大发明家爱迪生在试验了近上千次的材质后才发明了电灯，从而照亮了人类的文明之路；居里夫人，这位科学界的奇葩也是在经历过无数次的失败后才成功提取出了镭……

伟人尚且如此，更不用说我们头脑平庸的凡人了。这不是要打击我们的自信心，而是要让自己学会容纳失败。失败并不可怕，没有失败过的人生反而会让人觉得枯燥乏味。如果一个人从出生开始就一直一帆风顺，那样的人生该是多么悲哀。

如果把人生当作一首乐章的话，失败就是其中不可或缺的音符。有了失败的或跳跃或沉闷的音符，人生的乐章才有了节奏，才完整，才动听。

嘉华是一家连锁饼店，如今生意如火如荼，已经在北京遍布分店，下一个目标就是要将它发展成全国连锁店。老板约瑟已经开始着手向周边城市扩散、增加店面数量了。

人人都以为约瑟是个幸运儿，当烘焙业刚刚在中国起步的时候抓住了商机，这才成就了今天的嘉华。可很少有人知道，嘉华在刚开始时就不止一次地摔过跟头，这么多年，它遭遇了多少次挫折和失败，才摸爬滚打着发展起来的。

嘉华刚开始在北京开办第一家饼店时，生意十分惨淡，因为那时的老百姓还都不认同这种外国的糕点，而喜欢北京传统特产。约瑟心高气傲，决心要“教育”消费者接受西方的饮食习惯，引进高端的烘焙西点，希望在北京能够刮起西式烘焙风。

然而，老百姓们却不领情。试想，在20世纪90年代的时候，普普通通的百姓家庭，谁会花十几块钱去买一块小甜点啊，约瑟倒在了自己对于市场的盲目乐观上，一投产就遭受了打击。

约瑟这时才开始往回收了收拳脚，他总结自己的失败原因，开始耐心细致地培养自己的忠实客户群体。两年以后，嘉华在北京立足，并开始陆续成立分店。

但是到了2006年，在第30家分店成立时，嘉华的业务开始停滞不前了。恰在这时，外资高端烘焙品牌进驻北京，立刻在烘焙行业掀起了一阵不小的购买风潮，无形中，嘉华的生意就受到了严重的影响。

约瑟心里着了急，如果不创新，嘉华就会被后起之秀打垮。深思熟虑后，约瑟开始走复合式营销之路，比如在店内增设水吧和休闲区。

自从店面升级之后，嘉华一直保持创新，发展势头一片大好。约瑟说："失败往往为成功开辟前路。如果不是在企业发展初期的两次大跟头，嘉华不可能走到今时今日。"

如果没有经历过那两次失败，约瑟就不会对成功有如此深刻的见地。人的一生本就不可能一帆风顺，约瑟经历了失败，挺过了失败，才更加成熟和有担当。

我们每一个人也是如此，不管是在写字楼的小隔间里朝九晚五，还是在城市的水泥骨架上添砖加瓦，我们都是这个时代的创造者，是有血有肉的活生生的人类，那么我们就都有可能遭遇失败。也许这次的项目没有谈成，遭到老板的一顿训斥；也许哪个设计图出了差错，差点儿酿成大的工程失误，贻误工期；也许你的工作能力遭到了客户的质疑，以至于差点儿被老板炒了鱿鱼。失败林林总总，却是为我们的人生添了彩。等我们老了，回头看看逝去的岁月，这些大大小小的失败与成功一样，都会让我们铭记，让我们想起来时都有深深的感喟，多么值得纪念！

所以，不妨站在自己世界的入口对失败说一声："欢迎光临！"

它们是我们人生的贵客，无论以什么样的方式，都使得我们的人生更加跌宕起伏、令人回味。

失败像是人生的点缀，有它的时候，我们抱怨和痛苦，恨不得永不再见面；而一旦没有了它，我们反而又觉得人生太过空白，希望它可以偶尔光临，为生活添些色彩。

因此，我们要学会正确认识失败，要理解失败在人生中是十分正常的现象，没有失败的人生鲜而有之，没有失败的人生也不完整。我们首先要能够接受失败，才能正确面对和巧妙化解它带给我们的糟糕情绪和消极影响。

接受失败，不是要你放弃争取成功，而是要你坦然面对可能出现的失败情况，不至于无法接受或情绪失控。失败并不可怕，出现了，坦然去应对即可。

遭遇失败必然会有痛苦，这时候就需要我们有坚强的信念，什么风风雨雨，咬咬牙都会过去，不需要怨天尤人。当我们挺过最困难的时期，回头看时会发现那是人生中一段十分重要的记忆。在那段路上，我们锻炼了自己的勇气和坚韧不拔的精神。如果没有那一段失败的经历，就不会有后来精彩的自己。挫折期也是成功的孕育期。咬住牙挺过最痛苦的时候，成功就会应声敲门。

失败常常能够给我们留下很多经验和教训。只有将失败的经历垫在脚下，我们才能离成功更近，才算理解了失败的意义。失败是我们追逐成功的道路上的一道道障碍，只有越过这些障碍，你才会知道下次遇到这样的障碍时应该如何规避，才会更快地见到终点处的成功。

失败有可能是绊脚石，阻拦我们迈向成功；而失败也可能是垫脚石，将失败垫在脚下，让它为自己的能力加分，变“废”为“宝”，是人生路上聪明的活法。

瑕才是玉最美之处

一位农夫每天都挑着两只木桶走一段长长的山路去挑水。由于用的时间久了，其中一只木桶生出一条浅浅的裂痕。每次从泉边挑到家，完好无损的那只桶里的水还是满满的，而有裂缝的那一只却只剩下半桶。

木桶因此对主人深感愧疚，在面对那只完好无损的木桶时也总是感到无地自容。就这样过了两年后，有裂缝的木桶终于不能再忍受自己的愧疚，向主人请求道：“主人啊，我已经是个破败之身，每天让您花那么多的力气，却只能挑回半桶水，实在太不像话了。您还是找一只完好的桶来把我换掉吧！”

没想到的是，农夫听了它的话之后反而笑了，说：“你没有发现吗？我们每天挑水必经的路上已经长出了一排灿烂的山花。这可全是你的功劳啊！”

现实生活中，也有许多这样的“木桶”，他们总为身上的裂痕感到羞耻和惭愧，殊不知，有些人正透过你身上的裂痕欣赏无限的光芒。上帝是仁慈的，他的仁慈就在于从不创造完美的生命，当我们为身上的“裂痕”而抱怨时，却往往忘了要换一个角度去看看它带给我们的好处，忘了去感激它给我们的人生增添的亮色。

有一句话说得好：“万物皆有裂痕，那是光进来的地方。”每个人都曾遭遇不幸，有的人婚姻失败，有的人罹患疾病，有的人遭遇破产，有的人痛失亲人……这些可以看作是人生的波折，但也可以看作是人生的转折。你有没有想过，婚姻破裂是因为不适合，如果两个人在一起是一种痛苦，那么分开就是一种解脱，此后又是一个新的开始，谁又能保证你不会再遇到对的那一半呢。同理，罹患疾病也好，破产也好，痛失亲人也好，都把它当作一种裂痕，透过裂痕，你总能发现新的阳光。

海伦的失明让她写出了《假如给我三天光明》。失明，对于一个正常人来说的确是一道不浅的裂痕，但正因为这道裂痕的存在，让海伦比别人感悟到更多，所以才写出了这样的举世巨作。这道裂痕对于海伦来说，成了她梦想的助燃器，让她勇敢地驾驭梦想、展翅翱翔。

看来，有裂痕是一种必然，但能不能把裂痕当成宝贝一样来对待，就看你有没有这样的胸襟和境界了。

最近，年轻人迈克的生活出现了问题，如今他面临一个两难的境地。一方面，他非常喜欢自己的工作，也很喜欢工作带给他的丰厚的薪水，但问题出在另一方面，他十分厌恶自己的顶头上司，尤其最近两年，他已经与上司闹到了不可调和的地步。

迈克再也无法忍受了，认为离开这个是非之地是最好的解决办法，于是他打算去猎头公司重新谋一个高级主管的职位。果然，经过咨询后，他发现以他的条件找一个相同的职位并不难。

回到家中，迈克把这一切告诉了妻子。妻子是一个中学教师，不懂职场中的事，但她明白换位思考的道理。那天，她刚刚教学生学会了如何重新界定问题，就是当你无法解决眼前的问题时，可以换个角度思考，把问题倒过来看，这样就会有一个全新的思路了。于是，她把上课的内容讲给了迈克听，这给了迈克一个极大的启示，一个大胆的想法在他脑中浮现。

第二天，迈克又来到猎头公司，这次他不是为自己谋工作，而是给他的顶头上司找工作。不久，迈克的上司接到了猎头公司打来的电话，请他去别的公司高就。上司完全不知道这是他下属的功劳，再加上他本来就厌倦了现在的工作，就丝毫没有犹豫地接受了新工作。

迈克的顶头上司跳了槽，他的职位就空缺了，而他认真地做了一个报告，申请了这个职位，于是便轻而易举地得到了这个位置。

在这个故事中，迈克本意是想躲避自己的问题才为自己找个新工作的。但他的太太一语惊醒梦中人，教他学会了换个角度思考去看待问题，于是他换了一种方法来解决问题——他替他的老板找了一份新的工作。结果，他一石三鸟，摆托了厌恶的老板，做着自己喜欢的工作，还意外得到了升迁。

人生的道路哪有一帆风顺的，每一次波折、每一条坎坷都是上帝赠予你的令你意想不到的礼物。当你专注于它的丑陋之处而黯然神伤时，却忽略了它令人欢喜的一面。试着去换个角度看待，就有机会发现上帝将其赠予你的深意。

“天将降大任于斯人也，必先苦其心志，劳其筋骨，饿其体肤。”从另一个角度看，那些所谓的痛苦和不顺其实都是我们应该珍惜并感激的，而我们要做的是去接受它们，如果连接受都做不到，只一味地逃避、埋怨，那么怎么会有机会换一个角度遇见它们的美丽本质呢?

首先我们要做的就是将自己的内心变得更加广博，从而包容这些不完美。要相信，在人生旅途中，遇到障碍是常有的事。如果你不能淡然处之，就会觉得这是一种命运的不公，从而让自己的情绪处于低谷。

接着，我们要学会换一个角度看待裂痕。裂痕与完美并非完全的矛盾体，让自己尝试着换不同的角度去看待自己身上的残缺和不完美，就是一个从不完美走向完美的过程。只要淡然处之，哪怕我们不能改变这种残缺和裂痕，也能从中看到另一条出路。这对你来说才是最大的收获。

最后，我们要勇敢地迎接困难和挫折。要知道，能够有如此深刻而有效的历练是多么幸运的事！勇敢地迎接挫折，才不枉与裂痕相逢一场。

幸福的人生都是靠我们自己的双手创造的，换一个角度看待裂痕是在自行调整心态，而勇敢迎接挑战和挫折才是我们的武器，是我们送给自己的最好的礼物。

第十二章 青山依旧在，几度夕阳红 ——以淡泊之怀历经成败

生命如潮涨潮落，人生亦沉沉浮浮，成败得失不过是过眼烟云。只要心中一片碧海蓝天，拥有一份从容和淡泊，所有的成败得失都将一一消解，对生活的愉悦之情油然而生。看红尘滚滚，拂过了一生的流连，舞过了一世的浮华。

静心倾听，快乐就在身边

很久以前，一个国王虽然坐拥天下城池，却并不觉得自己快乐，于是他要寻找世上最快乐的人。有人给他出主意，说有钱的商人是最快乐的，国王便找到最富有的商人问他："你是最快乐的人吗？"商人摇摇头，甚至十分愤恨地回答："我一点儿都不快乐。商界变化无穷，我随时都有可能变成穷光蛋，所以根本没时间和心情快乐。"

之后，有人说有权的人快乐，于是他招来最有权力的大臣问："你是最快乐的人吗？"大臣大惊失色，说道："微王不敢，微臣

官位小，稍有不慎，就有被罢官的可能。所以微臣每日尽忠职守，为陛下分忧，为百姓效力，根本没有时间去想快乐的事。”

就这样，国王问来问去，最后问到了乞丐那里。只见乞丐衣衫褴褛，却一脸笑意，兴奋地回答：“你算问对人了，我的确是最快乐的人，因为我不用考虑要挣多少钱，要吃多美味的粮食，要穿多鲜艳的衣服，我只浪迹天涯，走到哪里，只赏我一口饭就足矣。所以，我觉得自己非常快乐。”

一个乞丐的快乐竟远远超出了富商和官员，按照常理来说，这个结果是没有办法让人信服的，但事实的确如此。让我们快乐的不是身份和地位，而是一个人的欲望。一个最富有的商人之所以觉得自己不快乐，就是因为他有更高、更难实现的目标和愿望，他想要挣更多的钱，想要做更大的生意，想要保持永远成功。他知道，只要自己稍稍懈怠，就会有变成穷光蛋的可能。一个有权的官员之所以不快乐，是因为他对权力有着极大的欲望和恐惧，他虽然心底向往追求最高权力，却又不得不向最高权力妥协，因此他也不是快乐的。

欲望是人性最普遍的弱点。虽然人人懂得这个道理，但每每看到名车、珠宝和华贵的衣服时又都会怦然心动。欲望再大些，我们就不只是想要看看这么简单了，必须要拿到手里、戴在身上才能满足我们的欲望。到了那时，快乐将更难登门造访了。

其实，拥有了那些锦衣玉食、珠光宝气怎样？失去了那些豪车豪宅、尊贵权力又怎样？如果一个人能看淡一切欲望、输赢、成败，才是真正的有福之人。弱水三千，只取一瓢饮。就像那个乞丐一样，纵然世间有许多华衣丽服，有许多山珍海味，只要一箪一瓢足矣。

当然，一个人希望得到别人的尊重，希望满足自己的虚荣心，这本身是人之常情，也可以说，这是我们每一个人始终不懈努力的人生动力。但不要因为这样就把自己逼向绝境，要知道我们每个人都不是为别人而生存的，事实上，这世上除了我们自己，没有人会在意我们的人生。所以，没必要在别人的目光里辛苦地活着，委屈了自己。

李国强是个普通市民，也是一个名副其实的股民。入股市几年来，随着大盘的爆发，李国强所买的股票市值翻了几倍。看到自己赚了不少，李国强每天都心情舒畅。有一年，大盘站在了6000点的高度，身边许多朋友都劝李国强将股票抛出，见好就收，但他不听，一定要乘胜追击，结果不但没有抛出，还把自己的存款全都投入股市中去了。

不料，还不到年底，大盘下跌，朋友马上劝他减仓，但李国强还是不甘心，认为大盘还会掉头冲到8000点。结果，不懂得适可而止的李国强，眼睁睁看着自己的股票市值一点点往下跌，李国强被深深套在股市里，万分后悔当初没有听朋友的话。现在的李国强破了产，连辛苦上班挣来的钱都没了，但凡有人谈论股票，他就会皱着眉头快快躲开。

大千世界，有万种诱惑，就有万种欲望，需要你淡然对待，否则你将很难轻松快乐。只有不过分苛求自己的人才能活得快乐。不能成为第一，就坦然充当第二；不能拥有伟大，就甘愿静守平庸。用轻松的人生规则主宰自己的快乐又有何不可呢？金钱、权力、输赢能比得上一生快乐重要吗？任何事情都会“过犹不及”，懂得八分哲学的人才能拥有更多的快乐，会适可而止的人才是生活的智者。

人生固然不能没有点儿追求，但如果过度地追求，反而使我们迷失了生活的方向。生活中，我们总喜欢那些做事认真的人，因为他们做事细致、为人正派。都说认真的人最值得敬佩，因为认真的人能把工作做出色，能让生活变精致，能让人生变得幸福和充实。认真的态度的确是人人都需要的，但如果认真过了头就成了看不开，就成了太计较。很多人都是因为认真过了头而太过执着，对自己苛求过多而导致人生过于沉重。这样就相当于为自己的人生增添了十字架，无法享受当下幸福的生活。

不如把一切欲望看淡一点儿，对待输赢成败心宽一点儿。凡事适可而止，才能把握好自己的人生方向。这就是要我们选择在最为合适、最为有利的时机立即停止所做的事情，以达到最佳的效果。不管是工作还是生活，都要掌握适度的原则，注意分寸和火候，做到“胸中有数”，才能成为生活的高手。

输赢如人饮水，冷暖自知

人活一世，一些人就是在跟这个世界、跟自己进行一场争斗。有些人因为争不过世界就为难苛求自己，结果到底还是输。想想好不容易来世走一遭，究竟是要争过世界而输了自己，还是要争过自己输掉世界呢?

其实你大可以看淡这场竞争，不去计较输赢，到那时，你既能争过世界，又能赢了自己，这其中的关键，就是一个“宽”字。生活中，我们常见一些“洁癖”，他们在生活中讲究良好的卫生习惯，只是有些讲究过了头。比如每天下班回家都要把里里外外的衣服换下来，还要放在消毒液中浸泡清洗；在办公场所也不消停，如担心放在办公室的杯子会成为传染源，于是就频繁更换杯子；每天清洗私家车内外，即使只有自己或家人乘坐，也要用消毒液擦个遍……这些洁癖者过于注重清洁，以至于影响了正常的学习、工作和生活。

结果，医学专家认为，过分的消毒卫生措施是没有必要的，这样不仅起不到预期的效果，还会给人们在时间、精力上带来很大负担。最终，洁癖者的行为不但让他们自己累，也让身边的人很累。

这就是典型的看不开，连一点儿灰尘都无法容忍的人，怎么

能容得下整个世界？这样的人活得太累，对自己太苛刻，最后会因放不下输赢而输掉一切。

一个星期六的晚上，餐桌上觥筹交错——父亲的朋友来晴晴家聚会。这一次聚会出现了很多生疏的面孔。晴晴喜欢这种场面，甚至有些渴望，因为她不想失去任何一个可以让自己“芳名远扬”的机会。

餐桌上，父亲和朋友们谈兴正浓，晴晴知道快轮到她上场了。果然，父亲突然自豪地对众人说：“我这个女儿，可了不起了。”说完就转头对晴晴说：“快去把你的证书拿来给叔叔们瞧瞧。”和以前一样，晴晴高兴地跑回书房，拿起那一摞“整装待命”的证书。

父亲接过去，一一打开并对众人解说。这时候，晴晴就像明星被隆重推出一样，受到了热烈的欢迎。叔叔们都啧啧称赞，有的对她报以赞赏的笑容，有的竖起大拇指说：“真棒！这孩子真不错！”“这孩子这么聪明，像她父亲。”“比我家那孩子强多了！”那些赞美之词化为一阵阵波涛，把她推向了虚荣的顶峰。

“这是以前得的吧？”一位正拿着晴晴的证书翻看的叔叔说道，他的声音很平静。

“是的。”晴晴回答，准备好了听他的夸赞。

“那现在的呢？”他的声音仍很平静。

“现在的？”晴晴一愣，不解地望着他。他一身黑色的西服，身体瘦弱，戴着一副金丝边眼镜，坐在一个角落，实在很不起眼儿。

“没有。”晴晴小声地回答道。

“小姑娘，过去的都已经过去了，把握现在才是最重要的。”他感慨地说。

晴晴听了之后，惭愧地低下了头。

人活在这个世上，有值得骄傲的一面，就有落魄的一面，当值得骄傲的一面被自己过度张扬时，就会被落魄的一面抓住辫子，而你的一生也许就毁了。

究竟怎样才算成功、怎样才算赢？这不是上帝说了算，也不是别人说了算，而是靠你自己说了算。当我们的渴望太多时，就会变得欲壑难填，从而失去了心灵的自由和快乐。到了最后，我们也会因此沦为成功的奴隶，把自己折磨得心力交瘁却得不到任何有价值的东西。

一个男孩住在山脚下的一幢大房子里。他喜欢任何时尚的东西——跑车、音乐、游泳、踢球，而他的父亲也的确能供给他这些条件。总之，在很多人眼里，他们都认为男孩是幸运的。但男孩却不这样想，他从小争强好胜，什么都要争最好的，因此他给自己树立了一个很高的目标，希望长大后能实现。

有一天，上帝听到了他的渴求，于是来见他。男孩见了上帝便对他说：“我知道自己今后想要什么样的生活了。”

上帝问：“你要怎样的生活？”

男孩回答：“将来我的房子要像城堡一样，门前有两尊雕像，里面还有后花园；我的妻子要身材高挑、美丽端庄，她有着一头黑黑的长发、一双蓝色的眼睛，会弹吉他，会唱动听的歌谣；我们还要生三个健康的男孩，并同他们一起游泳、踢球，而且他们前途无量，分别成了科学家、参议员和橄榄球的四分卫；我不但要有许多财富还要成为冒险家，到时我会开着红色法拉利周游世界，并救助途中的受难者。”

上帝听了笑了笑，说：“真是一些美妙的梦想，希望它们最后都能够实现。”

一晃20年过去了，男孩成了男人，学了商业经营管理，专门经营医疗设备。再后来，他娶了一位美丽的女孩，有一头黑黑的长发，但是个子却不高、眼睛不蓝，而且不会弹吉他、不会唱歌。但是，她却做得一手好菜，画得一手好画。

男人因为工作的原因住在了市中心的高楼大厦。虽然门前没有雕像，但是可以看见深蓝色的夜空和闪烁的霓虹灯。

他没有儿子，却有三个美丽的女儿，她们都非常听话可爱，会时不时跟父亲一起在公园踢毽子。

他没有红色法拉利，而且还要经常坐火车、坐飞机出门办事。

他的日子过得倒也十分幸福安逸，可是一天早上醒来，他突然想起了多年前自己的梦，于是他十分难过地对周围的人不停地诉说、抱怨自己的梦想没能实现。他觉得这一辈子都白活了，他还将一切都归咎于上帝，最后居然有了求死的想法。

躺在病床上的他又见到了上帝。

“你还记得我是个小男孩时，对你讲述的那些梦想吗？”他问上帝。

上帝回答："记得。"

"可你并没有让我实现。这让我感觉输掉了自己的一生。"男人伤心地问道。

上帝回答："其实你已经实现了，只是我想让你惊喜一下，给了一些你没有想到的东西。一个好妻子、一份好工作、一处舒适的住所，这是多么搭配的组合。还有，三个可爱的女儿……"

"可这并不是我真正想要的。"男人打断了上帝的话。

"难道你现在不幸福吗？"上帝问道。

男人沉默了。

"我本以为你会把我想要的东西给我。"上帝说。

"那是什么？"这让男人很惊讶，他从不记得上帝要求过他什么。

"我希望你能因为我给你的东西而感到快乐。"上帝温柔地答道。

男人不再说话了。那天晚上他做了一个梦，梦到自己有一份好工作，住在一所能看到星空的公寓里，有一个贤惠的妻子和三个可爱的女儿，而这些就是他现在所拥有的。

从此，男人过得非常快乐。他明白，快乐从未离开过他，而他从来不曾输过，只要他想，他就是最成功的。

不管这世界怎样变换，我们都要真诚地面对生活和自己。不要把一切都定格在输赢上，何必要这样为难自己呢？人心不足蛇

吞象，要是没有学会看淡输赢成败，那么终究会让自己毁在人生这场争斗中。

奏响失败的音符

人生就是一场博弈，在这场博弈中，没有永远的赢家，也没有永远的输家。失败是生命中永不或缺的乐符，有了失败，生命的乐谱才能够抑扬顿挫，才能够丰满和华美。输得起是一种勇敢，赢得起靠的则是一种信念。

失败是正常的，没有谁不曾失败过，如果因为失败就不敢尝试，那才是真正的输家。“看成败，人生豪迈，只不过是从头再来。”的确如此，成功只属于输得起的人。失败了不要紧，打起精神从头再来并不是一件难事。

生活就如行船，有顺风顺水的时候，自然也有逆风大浪的时候。这就要看掌舵的船夫是否高明。高明的船夫会巧妙地利用逆风，将逆风作为行船的动力。如果你能始终以一种积极的心态去对待所有可能遇到的“逆风大浪”，并对其加以合理的利用，将被动转化为主动，那么你就是征途上高明的舵手。

在争取成功的道路上也是如此，你越是害怕失败，失败越是跟着你不放。如果你对失败有一颗平常心，能够看淡失败，那么你或许就会赢到最后。

麦克在17岁的时候，他的全部家当只有300美元，就是在这个基础上，他开始了自己的创业之路，也正是凭着这300美元，他赚到了人生中的第一桶金。那年，他把所有钱都投在了股票上，为此赚取了16.8万美元。

不过，这只是一个小小的开始，没多久，他所购买的股票因为战争的结束而暴跌，一转眼，麦克只剩下了4万美元。麦克并没有因此而灰心丧气、丧失斗志。他想，就算是现在也比当初买股票时的本钱要多得多。所以他坚持了下来。

很快，麦克发现未列入证券交易所买卖的某些股票实际上是有利可图的。这些股票利润虽然不大，但风险极小，如果能将精力放在这些股票上，说不定就能成功。果然，不到一年的时间，他就开设了自己的证券公司。

仅仅6年时间，麦克就成为鼎鼎有名的大经纪人，每月收益达56万美元，而那年他只有27岁。可是没过多久，经济危机迅速席卷了美国，这对金融市场的打击是空前的，麦克的证券公司无疑也陷入了危机。今后该何去何从呢？

麦克把目标放在了实业丰富的加拿大。3年后，麦克在多伦多开设了证券公司，并成为当地首屈一指的大经济商。一个月后，他与加拿大一家公司联袂开设了一家黄金公司，以每股20美分的廉价取得该公司59.8万股的上市股票。

此后，股价扶摇直上，3个月后，每股由20美分涨至25美元。麦克并没有因此生骄，而是冷静地分析了形势，他见股价涨得过热，料定会出现大的滑坡，因此又悄悄将股票卖出。果然不出所料，一个月后股价大跌，而他从中渔利130万美元。

从那以后，他的事业如日中天，凭借着他对股票生意的天赋，他终于赢得了人生。

从一个仅仅只有300美元的普通人到拥有亿万的富翁，麦克正是因为懂得了只有输得起才赢得彻底的道理，才取得了如此成就。有的人认为认输很难做到，其实，认输之所以难做到，是因为它看起来就是承认失败。在我们所受到的教育里，强者是不认输的。所以，我们常被一些高昂的词语所激励，以不屈不挠、坚定不移的精神和意志坚持到底，永不言悔。

永远不要把失败或者挫折看得太重，它们只是我们漫长生命旅途中的障碍。要相信失败不是终点，那只不过是弱者的绊脚石，却能成为强者的起点。人生的光荣，不在于永不失败，而在于越战越勇。胸中淡定的人，往往能从失败的经验中获得成功，所以失败常常是人生的一种宝贵经验。

有机遇就有风险。抓住机遇后，风险也是时时存在的，所以我们要时时刻刻谨慎小心，从踏入追求成功旅程的那一刻起就要做好一切准备，随时应对突如其来的状况，并一一加以克服。

输了并不可怕，可怕的是输了之后不敢从头再来。失败后是选择从头再来还是放弃，决定着两种截然不同的未来，不要习惯于为自己找太多太多的借口，一旦你选择“放弃”，这时，失败往往也选择了你。

美国《生活》周刊评出的100位最有影响力的人物，托马斯·阿尔沃·爱迪生名列第一。

爱迪生出身低微，学历就更不用说了，一生只读过3个月书，老师甚至当着他母亲的面说他是个傻瓜，断定他将来不会有什么出息。辍学之后的爱迪生在母亲的指导下开始阅读书籍，还在家中建了一个小实验室。后来，爱迪生外出打工当报童，还在来回乘坐的火车上成立了小实验室，结果差点儿引起火灾。暴怒的行李员打了他几记耳光，爱迪生因此失去了听觉。

这样的遭遇并没有让爱迪生放弃科学实验，他以坚韧不拔的毅力、罕有的热情和精力从千万次的失败中站了起来，克服了数不清的困难，成为了发明家和企业家。仅从1869年到1901年，他就取得了1328项发明专利。在他的一生中，平均每15天就有一项新发明，他因此被誉为“发明大王”。

爱迪生的成功可以归功于他对输赢成败的淡然。在研制电灯时，记者对他说：“如果你真能造出电灯来取代煤气灯，那你一定会赚大钱。”爱迪生回答说：“一个人如果仅仅为积攒金钱而工作，他就很难得到一点儿别的东西，甚至连金钱也得不到！”他一直被称作现代电影之父，可他说：“对于电影的发展，我只是在技术上出了点儿力，其他的都是别人的功劳。”

1914年12月的一个夜晚，一场大火烧毁了爱迪生的研制工厂，他因此损失了价值近百万美元的财产。爱迪生安慰妻子说：“不要紧，别看我已67岁了，可我并不老。从明天早晨起，一切都将重新开始，我相信没有一个人会老得不能重新开始工作的。灾祸也能给人带来价值，你瞧，我们所有的错误都被烧掉了，现在我们又可以一切重新开始。”

第二天，爱迪生不但开始动工建造新车间，而且还开始发明一种新的灯——探照灯，由此帮助了那些在黑暗的环境下作业的人们。而这场灾难对爱迪生来说就像是一段小小的插曲。

人活在世上不可能一帆风顺，每个人成功的故事背后都写满了辛酸和失败。敢于正视失败，并以正确的态度面对失败，不退缩、不消沉、不迷惑、不脆弱，才能有成功的希望。因此，只有善待失败，看淡成败和输赢，才能赢得真正的成功。正如那首歌唱道：心若在，梦就在，天地之间还有真爱；看成败，人生豪迈，只不过是从头再来……

沿途的风景更美好

失败大多是一些令人痛苦的经验，有时甚至是一些让人生受到重创的体验。这种体验几乎会出现在每个人身上，无论你是什么人，有多么伟大，有多么不同凡响，在人生之路上都要或多或少地经历失败。失败是正常的，重要的是面对失败的态度是什么。如果把成败看得太重，就会只注重结果，为此会因失败而遭受打击，一路消沉。

其实，钓胜于鱼，过程比结果更重要。看淡成败，并不是让你不再争取成功，而是要让你更看重争取成功的过程。在通往成功的道路上，更重要的是不断地探索发现、总结失败的经验。只有这样，你才能体会到争取的乐趣。这样一来，就算失败了，也不会丧失重新站起来的勇气。

日本战国时期，武田信玄是当时赫赫有名的武将，他在积聚了很大实力后，决定西征，讨伐西边的织田信长。

这时，德川家康也蠢蠢欲动。1572 年，武田信玄率领数万大军向西争霸，途经德川家康的居城滨松，居然旁若无人地在城下列队而过。

德川家康那时 30 岁出头，年少气盛，他认为这是一种侮辱和挑衅，于是立刻率军尾随，谁知却中了武田信玄的计，在三方原几乎被全部歼灭，德川家康只身逃回居城滨松，回来时衣衫褴褛，还尿湿了裤脚，十分狼狈。

出人意料的是，德川家康并不避讳，马上差人请画师过来，要求把他的丑态画在纸上。从此，德川家康终生把此画挂在自己的座位旁边来提醒自己。

大败之后，德川家康深刻地汲取了失败的教训，从中体会到有勇无谋的危险以及参谋作业和企划幕僚的重要。从此，他积极地充实军备，改良战术，精心培养智囊团，如政治参谋、情报参谋、战略参谋，这些参谋使德川家康兵团形成一个布局沉稳，有计划、有组织、有效率的团队，对他后来打败群雄、扫除反对势力、掌握全国大权有极大的贡献。

他并不把武田信玄当作敌人，而是当成老师，并潜心研究武田信玄的兵法和战术。武田信玄死后，德川家康以武田胜赖为目标，利用学到的武田信玄的战法进攻骏河并且轻易地攻陷武田信玄在东三河的据点长筱城。这次，他轻易地攻陷长筱城，从此一跃成为少有对手的军事战略专家。

后来，德川家康成为雄霸一方的将军后，仍然将那幅耻辱的画像挂在身旁。有人劝他将其拿下，他却说这是他奋发图强的最好见证。对他来说，那次的耻辱不重要，现在的成功也不重要，值得炫耀的应该是他努力拼搏的过程。

失败本身并不是坏事，德川家康能够看淡成败，所以才能轻易地从失败中学到宝贵的东西，为以后人生的成功奠定了一定的基础。

其实，每个人都难免会遭遇失败，失败其实并不可怕，但如果你失败了却毫无意识，甚至还自以为胜，置身于人生陷阱中而不知，这才是一种人生的悲哀。因此，在面对可能出现的败局时，我们不能将自己定格在这个结局上，放之任之，因为这种败局只是一种可能，没有必然性。最为精彩的是为梦想奋斗的过程，而能够让我们获得荣誉的最关键因素，就是内心的淡定宽广。

汤姆·莫纳根最开始和哥哥在一所大学附近开了一家小小的

比萨饼店，取名为达美乐。可是没过多长时间，生意开始越来越糟，在情况最恶劣的时候，哥哥把自己的股份卖给了汤姆。这对于年轻的汤姆来说是一个沉重的打击，但他一直保持着乐观的心态。当时很多人都劝他放弃算了，可他却说不管成功也好失败也好，他都要奋力一搏，到时就算失败了，他也愿意从跌倒中汲取教训。

汤姆真的挺过了最艰难的时候。后来，为了扩大生意，他和一位提供免费家庭送餐服务的人合作，对方提出只支付500美元的投资，却可以取得平等的合作人资格。汤姆接受了这一不合理要求，然而，当合作方案正式开始之后，却仍看不到合伙人的500美元。

大约两年后，汤姆破产了，还要承担75万美元的债务。这次跌倒让他尝尽了辛酸，但他依然没有心灰意冷，还是决定从头再来。这份信念使他在第二年就偿还了所有的债务，并赚了5万美元。但是，灾难远远没有结束，他的饼店被一场大火毁了，损失了15万美元，保险公司却只支付给他13万美元，他几乎又面临破产。

这是他生意场上的第三次跌倒，他仍然没有放弃，3年后他卷土重来，这次他拥有了12家比萨店，并且还有十几家正在建设中。但是由于规模扩大过快，出现了资金短缺，使整个达美乐陷入了财政危机。

这是汤姆在生意场上的第四次跌倒。10个月后，汤姆重新接管了达美乐，他让债券人和银行给了他一段时间，让他将生意恢复起来。大多数人都同意了，但是他的专营店授权商们以反托拉斯的诉状将达美乐告上了法庭，汤姆忍不住哭了。这是汤姆经营达美乐以来的又一次跌倒。

尽管如此，汤姆还是没有放弃。在接下来的9年里，他缓慢地恢复自己的生意。经过努力，他不仅偿还了所有的债务，还使达美乐生存了下来，接着，他还使达美乐成为世界上最大的送货上门的商业机构。由此，汤姆成为美国最富有的企业家之一。

汤姆经历了一次又一次的失败，但他始终都没有退缩，每一次都勇敢地站起来，最终达到了事业的顶峰。汤姆之所以能够在无数次的重击之下挺过来，是因为他能以正确的心态看待成败，支持他信念的东西不是今后的成功，而是过程中的酸甜苦辣。

有这样一句话："成功不是终点，失败也不是终结。"过程比结果更重要，只要你能看透这一点，就能放宽心，无论大起还是大落，都能包容在内，只为那过程中的一抹苦乐酸甜。

转换心态，找寻另一片天地

生而为人，我们总是希望把任何一件事情都做得完美无瑕，会因怀疑自己做得不够好而愧疚与担心，担心爱我们的人会因此对我们感到失望；不允许自己犯错误，惴惴不安，一旦犯了错，又会不断地责怪自己……结果，时常感到失望和沮丧，在精神上肉体上都经受着极大的折磨。

明明自小成绩优异，当同龄的孩子还在玩泥巴的时候，他就和大人们神侃时事，闲聊明清，被称为“神童”。或许是自小建立起来的骄傲感，他做事憧憬完美，一道数学题算三遍确认无误了才放心；明明的英语历来是优势科目，但是往往也得不了满分，而只能得到 95 分左右，所以他拼命想考 100 分……

一直被追求完美的心态所禁锢着，明明尽管在学习上出现的错误很少，但是他的学习效率也是很低的，成绩并没有多么优秀。终于有一天，他渐渐感到力不从心，压抑、焦虑把他压得喘不过气。

事情刚开始就担心干得不够漂亮，惴惴不安，这就妨碍了我们全力以赴去行动，而一旦遭到不如意又会异常灰心，焦灼不安。长此以往，这种心态让自己越来越失落，越来越缺乏自信。

世界上没有十全十美的人，也没有十全十美的事，何必这样呢。静下心，心宽些，换一种心态，或许就是另一片天地。你会发现，你不追求出类拔萃，只是希望表现良好时，你的能力会出乎意料地好。

美国前总统富兰克林·罗斯福是一个杰出的领袖，当有记者向他请教秘诀时，他曾坦然地向公众如此承认道：“如果我的决策能够达到 75% 的正确率，那就达到了预期的最高标准了，我就很满意。”

事事追求完美是一件痛苦的事，它就像是毒害我们心灵的药饵，让我们在痛苦和纠结中浪费掉时间和精力。就像罗斯福这样，与其自己用100%的完美折磨自己，不如静下心来好好看看自己75%的实际能力。

我们可以接近完美，但不可能达到完美。这种判断，在我们头脑中必须牢固确立。允许自己犯一些错误，设立的目标实际一点，你会发现，自己更有信心，而且更有能力和创造力，如此也就很少感到失意。

世界顶尖高尔夫球手博比·琼斯是唯一一个赢得高尔夫“年度大满贯”（包括美国公开赛、美国业余赛、英国公开赛及英国业余赛）的人，他被称为是美国高尔夫史上最优秀的业余选手。

在高尔夫球员生涯的早期，博比·琼斯总是力求每一次挥杆完美无缺。当他做不到时，他就会打断球杆、破口大骂，甚至愤慨地离开球场，这种脾气使得很多球员不愿意和他一起打球，而他的球技也没有得到多少提高。

直到后来，博比·琼斯渐渐了解，一旦打坏了一杆，这一杆就算完了，但是你必须尽力去打好下一杆。静下心来，调适心态后，他才真正开始赢球。对此，他这样解释说：“要对每一杆有合理的期望，而不是寄望非常完美的挥杆成就，你会发现自己的表现率良好、稳定，如此也就更容易取胜。”

不完美是人生的一部分，没有人不犯错误。这是一个事实，我们越早接受这一事实，就能越早地向新目标迈进。所以，失意时我们必须静下心来，放弃完美，不苛求完美，踏踏实实地尽己所能，就可以问心无愧了。

换一句话，不正是因为有了不完美，人们才有了追求和奋斗，不是吗？倘若一个人件件事情都那么完美，从某种意义上说是极其可怜的。因为他再也无法体会有所追求、有所希望的幸福感受了。

在 2010-2011 年全国女排联赛决赛，广东恒大和天津女排的决赛场上，女排老将冯坤所率领的恒大女排在 2 ：0 领先的大好局势下，从第三局开始逐渐被天津队抑制，连输三局，最终以 2 ：3 的比分与冠军擦肩而过。

“打到最后一分，我觉得我们还是有赢的可能。”说这话时，坚强的老队长有些哽咽。对于冯坤来说，拿到过奥运会冠军、世界杯冠军，她最大的希望就是能够在中国最高水平的联赛中再拿一枚金牌。但这个梦想看来又要推迟了。

在随后的新闻发布会上，原本打算退役的冯坤有些黯然：“今天大家发挥也很好了，也有机会赢，只是没拿下来。”正是因为这一次不完美的比赛结果，反倒刺激了冯坤下赛季继续征战的愿望，“我希望下次能够打好。”

没有获得全国女排联赛冠军，老将冯坤的排球生涯似乎有些不完美，但正是因为这种不完美，激发了她继续奋斗的动力，锻炼了她坚韧的毅力，而这必将带给她人生的转机，生出更多人生的感动和谓叹。

由此可见，事情不完美不是失意，它是另一个方向上的成就，是另一种意义的收获。我们每个人的一生中，总是会或多或少地留下一些不完美。我们无需为此失意，只需看到自己的努力，体会背后的动力。

总之，任何事情都不会完美无缺，我们可以追求卓越但不必事事都有好的表现。如此，你会发现自己有机会去发掘我们真正的价值，了解真正的自我，循序渐进地摘取成功的桂冠。

第十三章
一任风吹过，闲似白云飘
——以淡泊之怀看淡得失

得之，我幸；失之，我命。面对人生的得失，我们需要的恰恰是这样一种淡泊宁静的心态，最需要的就是守住一颗宁静自在、淡然娴静之心，不以得喜，不以失悲，从而收获“一任风吹过，闲似白云飘”的恬淡心态。

学会欣赏眼前的风景

生活中的每一件事对于身陷其中的我们而言，可能收获大于损失，也有可能是损失大于收获，还有可能得失相当。因此，我们有时必须得较这个真儿，但如果我们在每一件事的得失上都算计的话，我们将会活得很累。

人生福祸相依，变化无常。年少气盛时，凡事斤斤计较还情有可原。当一个人年事渐长，阅历渐广，涵养渐深，对争取之事应看得淡些，凡事不必太计较得失，顺其自然最好。当然，如果年少时就能拥有这份豁达的心境，生活中必然会增加很多欢乐。

在人际交往过程中，如果总爱吹毛求疵，过分注重一些毫无价值的小事，不但会让别人难堪，也使自己处于精神萎靡、心情恶劣的状态。这是一种浮躁的表现，这种不良的心理使得我们只顾眼下，不管将来，只计较细小的事情，心中无大事也无大量；只图自己一吐为快，从不考虑别人的感受。

莉娜是一名职业校对员，曾为出版社校对过不少书刊著作。莉娜工作认真负责，一丝不苟，在业界颇有些名气。

校对的工作做久了，在生活中，莉娜也经常会不自觉地检查单词拼写和标点符号是否准确。听别人讲话时，她也会想着对方的发音是否正确，停顿是否得当。

一天，莉娜去教堂做礼拜，听牧师朗读一篇赞美诗。正当她听到要害之处时，牧师居然读错了一个单词，莉娜顿时浑身不自在起来，一个声音在心里不停嘟囔："他错了！牧师竟然读错了！"之后，她再也不能专心听讲牧师布道，也不知道牧师都讲了些什么，只为那读错的单词纠结。正在这时，一只苍蝇从莉娜的眼前慢慢飞过。

莉娜耳边突然响起了一句名言："不要因为一只飞虫而忽视了眼前美丽的风景。"对呀，怎么能因为一个小小的错误而忽视整篇赞美诗呢？莉娜突然如醍醐灌顶一般，大彻大悟。

人生中的一些事，有时必须要较真儿才能成功，但亦不可太较真儿，尤其不能在得失上过分算计。人的作用是相互的，你表

现出一分敌意，对方可能就会还你二分，然后你递增到三分，他又会还回来六分……一来二去，本来一个小小的矛盾就演化成了一个深仇大恨。不如在矛盾初成时就把敌意变成善意，少一分计较，究竟谁多得一分、谁少得一点儿有多重要？当“冤冤相报何时了”的双负能成为“相逢一笑泯恩仇”的双赢时，你的人生才会充满快乐，你生活中的每一刻对你而言都是美妙的。

有一个答题赢大奖的电视节目，一位选手一路过五关斩六将，顺利答到了第九题。而此时，他已经没有机会再排除错误答案，也没有机会打热线给朋友，更不能向现场观众求助，答完第九题，他已经把最初设定的家庭梦想都实现了，这时主持人微笑着问：“继续吗？”他深深地看了一眼台下怀有身孕的妻子，干脆地回答：“不，我放弃！”

当时，主持人一愣，现场也都一片哗然，因为很少有人会在这个关键时刻选择放弃，而且这可是现场直播，全国观众都盯着他，他怎能说放弃就放弃呢？别人又会怎样看待他的“退缩”？但他似乎心意已决，主持人十分惋惜地连问了三次：“真的放弃吗？你确定不会后悔吗？”他依然点头，坚定地说：“真的放弃，我不会后悔，因为应该得到的已经得到了。”这样，他就只回答了九道题，实现了自己的家庭梦想，却没有向终点发起冲击。

这时，另一位主持人依然不放弃，又激他：“如果将来你的孩子长大了，看到了这期节目问你那天为什么放弃了，你会怎么说？”他说：“我会告诉孩子，人生不一定要走到最高点。”主持人追问："那你的孩子如果说他以后只考80分就满足了，你怎么说？"答题者微笑着回答："如果孩子不觉得难过，而且也的确付出了应该付出的努力，那么我认同！"

台下掌声雷动。

显然，大家都被他这种在得失面前所保持的那一份淡定从容打动了。有时候，适时地放弃并不是退缩，而是一种冷静的智慧，一种成熟的象征。成熟并不意味着你更加懂得去珍惜什么，而是你更加明白适时放弃的重要。得失之间，淡定才是美。

享受当下的人懂得适当放弃、懂得超脱！生活也需要"有所为才能有所不为"，因为有所得，就必有所失。不要妄想有求必应，上帝不会那么眷顾你、满足你，如果你太过自信，只能成为生活的弱者。要想得到更多，就必须要放弃某些东西。俗语常说，盲人的耳朵最灵，是因为眼睛看不见。的确如此，因为眼睛失明，他必须竖着耳朵听，久而久之，耳朵的功能达到了超常的发挥。对于耳朵来说，这样的得到就大于失去。生活中也一样，当你追求的某种功能充分发挥时，其他功能就可能退化。因为生活是公平的，有所得就会有所失，所以不要过分计较得失，相信生活会给你最圆满的答案。

"逃避，不一定躲得过；面对，不一定最难过；孤独，不一定不快乐；得到，不一定能长久；失去，不一定不再拥有。"请不要再计较那些个人得失，凡事不要太在意，更不要太强求，就让一切随缘。你可能因为某个理由而伤心难过，但你却能找个理由让自己快乐。永远在得失面前保持一种超然的淡定，总有一天，你定能发现生活中被你忽视了的美好。

看淡得失，才享从容人生

宋代的永明延寿禅师有一首非常著名的禅偈：“修习空花万行，宴坐水月道场。降服镜里魔军，大作梦中佛事！”意思是说，虽然一切的修行活动像空中的花朵一样虚幻不实，但还要认真去修行；虽然修行办道的场所像水中的月影一样虚幻不实，但还要静静地禅坐；人的烦恼魔障本来是空，像镜中的影子一样，但还要努力去降服；各种佛事活动本来是空，像梦中的景象一样，但还要努力去完成。

苏东坡曾在《前赤壁赋》中说：“客亦知夫水与月乎？逝者如斯，而未尝往也；盈虚者如彼，而卒莫消长也。盖将自其变者而观之，则天地曾不能以一瞬；自其不变者而观之，则物与我皆无尽也。而又何羡乎？”

文章中，苏轼借江水与明月两个意象展开自己的观点。苏轼说，从一方面看，江水滔滔不息，日夜流逝；从另一方面看，江水还是一江之水。从一方面看，月亮阴晴圆缺，日日不同；从另一方面看，月亮本身并没有任何增减变化。

这就是在告诉我们，看待人生是需要一个多元的角度的。佛家讲“空即是色，色即是空”，缘起缘灭，生生灭灭，转眼之间，天地都不复存在，又何况短暂的人生。既然人生短暂无常，又何必对那些琐碎的小事太过计较。

然而不可否认的是，我们每天都生活在得与失之中。不过要相信天道无私，有一得必有一失，如果太计较得到，只能失去得更多。

有一首歌这样唱道：“不管得与失，值得去庆祝，因为心中易满足。”放下得失不计较的人拥有豁达的胸怀，这是一种明智，这样的人看似吃一点儿亏，受一点儿累，但其实能收获更多。

一年冬天，杰夫在郊区购买了一个大牧场。有一天，牧场里的牛逃了出来，最后冲进一户农家家里偷食玉米，被农夫当场杀死。杰夫得到这个消息时很愤怒，心想农夫实在太过分了，牛只不过偷吃了点儿玉米，农夫竟然把牛宰了。

杰夫带着佣人一起去找农夫理论。当时郊外天气风云突变，正值寒流来袭，他们只走到了一半，人和马就全部挂满了冰霜，两个人也几乎要冻僵了。好不容易抵达农夫的小木屋，农夫不在家，但农夫的妻子热情地邀请他们进屋等待。当杰夫进屋时发现，屋子的桌椅后还躲着五个瘦得像猴子似的孩子，这个情景让杰夫有些震撼。

不久，农夫回来了，农夫的妻子告诉他：“他们是顶着狂风严寒来找你的。”杰夫看到农夫时本想开口与农夫理论，可他忽然打住了，伸出手和农夫握了握。

外面天气寒冷，农夫热情邀请杰夫共进晚餐。其间，农夫满脸歉意地说：“不好意思，委屈你们吃这些豆子，原本有牛肉可以吃的，但是忽然刮起了风，还没准备好。”

孩子们一听有牛肉可吃，高兴得眼睛直发亮。吃完饭，佣人一直等着杰夫开口谈正事，但杰夫似乎忘了一样，只见他与这家人开心地有说有笑。又过了一会儿，天气仍然相当差，农夫便要两个人住下，等明天天气转暖了再回去，杰夫拗不过，只得与佣人借宿了一晚。

第二天早上，他们又吃了一顿丰盛的早餐，然后告辞回去了。一路上杰夫默默无语，倒是佣人忍不住问他：“我以为，你准备去为那头牛讨个公道呢！”杰夫微笑着说：“是啊，我本来是抱着这个念头的，但一进门就放弃了！后来证明我的决定是对的，我并没有白白失去一头牛，而是得到了更宝贵的人情味。毕竟，牛在任何时候都可以获得，但人情味却并不是那么容易得到的。”

大多数的人都在追求物质上的满足，为了小事斤斤计较，然而当物质需要得到满足之后，并没有得到内心真正的充实。人与物之间是无从比较的，真正的无价必定表现于无形。故事中的杰夫，尽管失去了一头牛，却换得农夫一家人的笑容和幸福以及难得遇见的人情味，这段经历更让他懂得生命中哪些才是无价的。

如果以计较的眼光看世界，世界很小，只会盯着别人或者自

己那么一点的错误，而忽视了整首“赞美诗”。而真正的聪明人会主动放下计较，甚至还会让利用常人的计较心理，达成自己的目标。

一般来说，持有这种心理的人，必将自己的精神世界局限于一个极小的范围，逐渐会变得自私、冷漠、吝啬、苛刻，特别是在日常生活中，就连一些小小的疾病、挫折，财物上一点小小的损失，别人对自己小小的不尊重，都很容易对他们的心理活动产生极其深远的影响，甚至使其陷入其中而无法自拔。因此，这种不良心理的危害是很大的，应该努力加以克服。

心宽者必淡定，他们闲看云卷云舒，明白了色空不定的道理。正如百岁老人陈椿的一句话，“一件事情，如果想通了就是天堂，想不通就是地狱，既然活着，就一定要活好。”有些事会不会招惹麻烦，有时完全取决于我们的心态。不要把一些鸡毛蒜皮的小事放在心上，别太过于看重名利得失；不要总是那么猜疑敏感、任意夸大事实；也不要动辄就为了一点儿小事而着急上火、大动干戈，只有心里放得下这些，才会拥有一个幸福美满的人生。

给心灵放个假

如果说监狱的恐怖在于囚禁了人的自由，那么世界上最恐怖的监狱恐怕并不是那些由铁窗和围墙圈起的牢房，而是我们为自己所造的“心灵监狱”。人的一生，不如意事十有八九，如果我们看不破，那么就相当于把自己的心灵锁住了，于是眼睛只盯住那些看不破的事。我们应该学会放下计较，自省自励，不要让自己活在无穷无尽的烦恼之中，不要让自己活得太累。

佛陀在世时，一个弟子历尽千辛万苦，手拿两个巨大的花瓶来到佛陀的座前，一心想求得真经佛法。

佛陀见了，只说一声：“放下。”

弟子以为佛陀叫他把花瓶放下，便立刻把左手的那个花瓶放下。

佛陀又说：“放下。”

弟子以为佛陀要他把右手的那个花瓶也放下来，于是他便把右手里的花瓶也放了下来。

可佛陀依然对他说：“放下！”

弟子非常不解，问道：“弟子已两手空空，再没有什么可以放下的了，佛陀还让弟子放下什么呢？”

佛陀说：“我叫你放下，并不是叫你放下手里的东西，而是要你放下心灵的负担。”

弟子这时才明白佛陀叫他放下的真义，于是佛法已存心中。

日常生活中，很多人总是喊着活得太累、工作压力大、生活负担重、人际交往复杂，其实就是太在意了，不能将其放下。当我们把这些负担都放下时，便可以从人生的痛苦、生死的桎梏中解脱出来。

生活中，虽然我们无法左右命运的走向，却可以放弃心中的负担。如果总是不能忘记过去的无奈、悲伤、纠结、失意，受累的只能是自己。我们必须经常卸去自己的心理负担，放下太多的计较，这样才会提高生活的质量，让心灵得以释放。

天地间，人不过沧海之一粟，生命何其短暂，荣辱繁华也只不过是过眼云烟，既如此，为何总是执着不肯放下？那些执着的人真的是在坚定自己的信仰吗？还是只因为不能随意而过分纠结？

看破需要改变既有的观念，而放下是改变观念的实践。从观念到实践，看破需要智慧，放下却需要勇气。只有看得破才能放得下，只有认得清才能担得起。放下不是绝对的放弃，而是为了更好地担起。

看破时需要放下，认真时需要担起，人生之事不过如此。不要因为自己执着的那点儿意念而毁了一生的幸福。

一天，一个妇人来找心理医生看病。一进门，她就开始诉苦，说感觉生活压力太大，还不厌其烦地向医生描述那些日复一日永远也做不完的事。其实她每一天也不过都在忙些日常生活中的小事，从每天早晨起床后整理床铺一直到匆匆忙忙赶着出门去上班，这个妇人好像在按既定的程序运作，始终为了去“赶”什么而活着。

医生皱着眉头听完她的诉说后，只给了她一条建议，就是让她不妨试一下起床后干脆不整理床铺。妇人一时间愣住了，从她的表情可以看出她心里一定在嘀咕：为什么这个医生这么不负责任？难道我的烦恼全都是因为叠那一床被子引起的吗？但不管怎样，她还是同意按照医生说的办法试试看。

两个星期后，她又来到了医生的办公室。这次她一进门就能看出心病已解，因为她步履轻盈，一副春风满面、一身轻松的样子。她告诉医生说，她42年来头一回起床后没有整理床铺，结果发现原来不叠被子的感觉是这么爽。她还说，以前她总要求自己饭后把餐具洗净擦干再放好，现在竟不再苛求自己每次都这样做了。

医生从心底里为这位女士感到高兴，因为她至少在两个方面突破了自我、解放了自己：一是发现自己在生活中有选择的余地——对于这一点，她以前可能从未意识到；二是不再苛求自己事事追求完美——这对她意味着自我超越，意味着一种新的生活体验的开始。

这位妇人的心病在于对事情太过认真，从早晨起来叠被开始，她这一天的生活都被安排得紧紧张张、一丝不苟，如此一来，限制了心中的自由，于是病从心生。其实何止这位妇人，在如今快节奏的都市生活中，人就像是旋在高速运转的机器上的螺丝，只有铆在上面跟着转的份儿，绝无擅自离开或者中途停下来的道理。许多人都抱怨自己“活得太累”，其实不知道这种“累”并不仅仅是体力上的疲劳，更是心理上的感受和体验，是精神负担过重、极度疲劳的表现。

我们在现实生活中，每天为了生活疲于奔命，这就已经非常辛苦了，如果再时刻拿出这种辛苦和辛酸来时时品尝，岂不是跟自己过不去？对于那些烦琐的、压抑的、过去的不能忘怀的事情，不如统统忘记。而对于那些快乐的、值得的、美好的事情多认真想想，这样以后的路会走得更轻松。也许有人会说，失败是成功之母，失败了不应该忘记，而应该刻骨铭记，还要时时拿出来激励自己，殊不知，脑袋里装太多不好的经验，就会使人对未来丧失希望，失去向前的勇气。

小说家荷摩·克洛伊说："不要为了打翻的牛奶哭泣。否则，打翻的将不是牛奶，而是你的心血……"一生中，我们要经历的事情很多，有快乐也有悲伤。对于智者来说，他们忘记的总是那些不快乐的事，而记住的却是那些快乐的事，所以他们过的是一种轻松而充实的生活。

看破时放下，认真时担起。这就是叫我们看破那些累人的辛酸，然后将其痛快放下；当我们需要认真时也要立刻承担起来。

走在路上，看那些匆匆赶路的行人，以及其眉间带着的疲惫，我们真的应该给自己减轻一些压力，让那些痛苦与忧虑远离我们原本纯洁本真的心灵。生命有时候也是很脆弱的，不能背负太多的痛苦与悲伤，所以我们每一个人都应该乐观一些，放弃忧伤与不快，拾起那些简单和轻松，好让自己快活一生。

微笑，发现鸟语花香

痛苦、失败和挫折是人生必须经历的。受挫一次，对生活的理解就会加深一层；失误一次，对人生的领悟便增添一级。从这个意义上说，想获得成功和幸福，想过得快乐和充实，首先就得真正领悟失败、挫折和痛苦的意义。

英国一家保险公司曾经从拍卖市场买下一艘船，这艘船原来属于荷兰一个船舶公司，它自 1894 年下水，在大西洋上曾遭遇 138 次冰山、16 次触礁、13 次失火、207 次被风暴折断桅杆，但它却从来没有沉没过。

据《泰晤士报》统计，截至 1987 年，已经有 1200 多万人次参观了这艘船，仅参观者的留言就有 170 多本。在留言本上，留得最多的一条就是——在大海上航行没有不带伤的船。

“在大海上航行没有不带伤的船。”这是一句多么振奋人心的话，在生活中，我们是不是也应该这样勉励自己呢？失意是不可避免的，但是只要我们正确地看待挫折，敢于面对挫折，在痛苦面前无所畏惧、克服自身的缺点，在困难面前不低头，那么顽强的精神力量就可以征服一切。没有什么能夺走你的一切，失意只会让你更强大。

如果再不济，你还可以这样勉励自己，想想俄国诗人普希金说过：“假如生活欺骗了你，不要悲伤，不要心急，忧郁的日子里需要镇静，相信吧，快乐的日子将会来临。”既然每个人来到这世上，都会有不如意，那么不如放宽心吧！那些因为不够漂亮而痛苦的人，就跟人比一比自己的健康；那些因为不够健康而饱受磨难的人，就与人比一比自己的财富和亲情吧！也许我们不够富有，也许我们的日子很苦很累，但至少我们还有生命。

生命对每个人来说都是平等的，只有一次，那么该如何把握生活、享受生命呢？就用微笑来面对吧！用微笑就能苦中作乐，这样即使在寒冷的冬天也会感到生活的温暖，在漆黑的午夜也能看到希望的曙光。用微笑来面对生活，用微笑来面对每个人、每件事，你就会看到阳光灿烂，迎接你的必定是一路的鸟语花香。总之，心宽者淡定，淡定者一定多快乐。

艾莉是一个10岁的小女孩，按照一般人的眼光来看，她长得有点儿丑，但其实问题并不是因为她的五官长得不好看，而是搭配有点儿偏离正常比例。但这一点儿致命伤足够让一个10岁的小女孩产生自卑了。艾莉时常在心里抱怨上天的不公、自己的不幸，根本没人见她露出过笑容。

逐渐长大的艾莉越来越自卑，这让母亲看在眼里，疼在心里。一天，为了帮助女儿摆脱心理困境，母亲把艾莉拉到照相馆，一定要为女儿拍一组照片。在照相馆中，母亲的要求很奇怪，她让女儿在拍照片时保持微笑，但不是让照相师拍她的整张脸，而是逐一对眼睛、鼻子、耳朵、嘴巴等五官单独拍特写。之后，母亲又偷偷拿出美国著名女星玛丽莲·梦露的头像，让照相师翻拍，同样要求照相师把五官一一分开。

几天后，照片冲洗出来了，母亲就把女儿的五官照片和著名女星玛丽莲·梦露的五官照片一一对照贴到女儿卧房的墙上，然后拉过艾莉，让她仔细看着那些被分割的照片，并对她说："和世界上最著名的美女比较，你哪个地方比她差呢？"女儿迷惑不解地看了看母亲，将信将疑地端详起那些照片来。后来，她还把自己的这些照片指给那些闺中密友看。密友在不知名的情况下，有的说她的眼睛比另外一组照片的眼睛迷人，有的说她的嘴巴更性感。渐渐地，她相信了母亲的话，觉得自己并不比玛丽莲·梦露丑，终于，艾莉的心结打开了，她开始对别人微笑，对自己、对生活都变得更加自信了。

人无完人，世上的每个人都存在这样或那样的缺陷，当你换个角度来看时，这个缺陷不但并不致命，甚至可以忽略不计。人有生理缺陷当然遗憾，但它既已存在，我们就该泰然处之，放宽心微笑待之。

一个女孩有一副动人的歌喉，唱起歌来委婉美妙，像百灵鸟一样，但令人遗憾的是她却长着一口龅牙，十分难看。于是，虽然很多人鼓励她参加唱歌比赛，但也不对她抱太大希望。在比赛过程中，女孩为了遮盖自己的缺陷，总是尽力避免将嘴张大。可这样一来，反倒影响了她的表演，结果表演搞砸了。

就这样，几次参赛下来，女孩几乎对自己绝望了。但事情总会出现转机，在一次比赛中，一位评委发现了她的歌唱天赋，并鼓励她说："你有唱歌的天赋，我相信你一定能够取得成功，但你必须忘掉自己的龅牙。"

在这位评委的帮助下，女孩渐渐走出自己龅牙的心理阴影，在一次全国大赛中，她极富个性化的演唱倾倒了观众，征服了评委，最终脱颖而出。而她就是著名的流行乐后卡丝·戴莉。

上天总是公平的，他在为你关上一扇门的同时，总会为你打开另一扇窗。我们不必为自己的平庸和丑陋感到自卑，只要善于发现，完全可以从这些自认为丑陋的缺陷中找到有价值的一面。只要我们能以一种平和淡定的心态来对待人生、笑对人生，那么自己所有的缺陷看起来都是不足为道的。

人生亦当如此。人生不无遗憾，当我们与不幸不期而遇时，就要既来之则安之，淡然处之，宽容以待。当你把自己生命中一切遭遇都看作是或圆满或凄美的风景，用一种看风景的心情来笑看人生旅途时，一切都会归于淡然和美好。

用宽广的心胸享受生活

如果说让人看淡得失不计较，未免有些冠冕堂皇，让人听起来不过是一些安慰人的体面话。的确，“得到”是主动的，表现出来的是一种积极进取的生活态度；“失去”是被动的，表现出来的是一种消极的人生追求。

一生中，人们有得亦有失，但大多数人都不会主动想要“失去”。因此，几乎任何的“失去”都是客观的，就看你能不能说服你的主观意识来接受它。能接受的人就是淡定之人，不能接受的人便选择逃避，有时明知道最后会失去，却依然选择飞蛾扑火。那么这样的人，我们能说他是明智的吗？

究竟应该怎样看待得失呢？为什么平白无故地要接受失去，这放在一般人身上都不是一件容易事。选择逃避吗？能逃得掉吗？不管你承不承认，失去了就是失去了。所以，我们不如这样来看：不要把得到看成一件简单的事，得到从来不会那么幸运，它需要客观条件的允许和主动努力配合以及天时、地利、人和的佐助才能实现。而这种得到也是有限的，如果你太过贪婪，就会让你适得其反，最终失去更多。

因此，面对生活和工作中的一切，你不能随意给事物定位，认为哪个是你应得的、哪个是你不应该失去的。得到与失去没有

什么应该不应该，全在于你自己怎样去看待。比如，塞翁失马说的就是这个道理，体现了古人在看待得失时的精明睿智。

东汉时靠近边塞的地方住着一位上了年纪的老翁。老翁精通易数，会占卜算卦，能知过去未来。一次，老翁家的一匹马无缘无故挣脱了马缰，翻越边塞，直奔胡人居住的地方去了。邻居听说后都前来安慰老翁，只见老翁心中已有数，平静地说：“谁知道这事不是一种福呢？”

这句话果然应验了。几个月后，那匹丢失的马突然跑回家中，还带着一匹胡人的骏马一起回来。邻居们知道这个情况后，都前来向他表示祝贺。老翁此时却无动于衷，愁眉不展，接着他坦然道：“这未必不是祸啊！”果然，老翁的儿子十分喜欢这匹新来的烈马，而且他的儿子生性好武，喜欢骑术，一天到晚骑着烈马到野外练习骑射。结果有一天，烈马脱缰，把他儿子重重地摔了个仰面朝天，以致大腿断裂，成了终身残疾。邻居们听说这件不幸的事情后，纷纷前来慰问，老翁却不动声色，淡然道：“这件事未必不是福。”果然，只一年不到，胡人侵犯边境，大举入塞，四邻八乡的精壮男子全被征召入伍，结果死伤无数，而靠近边塞的居民更是十室九空，剩下一些老幼病残无人照料，唯独老翁的儿子因跛脚残疾，没有被征去打仗，因而父子得以保全性命，安度残年余生。

由此可见，福可以转化为祸，祸也可变化成福。这种变化深

不可测，实难预料。“塞翁失马”阐述的是老子“祸兮福之所倚，福兮祸之所伏”的祸福倚伏观。

古人尚且有此等高深的胸怀和智慧，生活在现代的我们就更应该看透这一点了：得与失有着必然的联系，你得不到时就意味着正在失去，在你失去的时候又何尝不是一种意识不到的“得到”呢？看问题要一分为二，得到和失去就是个对立统一的矛盾体，没有得到，失去就不会存在：没有失去，得到又从何而来呢？不论发生什么事，我们都应该以一颗宽广的心来对待得与失，热爱生活才是快乐的源泉。

祸能转成福，福也能变成祸。祸之所以能够转成福，是因为当一个人身处困境或灾难时，便急切地希望能够平安渡过，于是千方百计想寻求解脱的办法，所以能够心存敬畏，凡事小心谨慎，不敢妄为，于是福也由此产生。福之所以会变成祸，不过是因为人们一旦养尊处优惯了，便会随心所欲地过着放荡奢侈的生活，肆意地表现出骄横的样子，于是做事轻易草率，待人辱慢失礼、专横跋扈，所以祸端就此产生。

一个人经历的患难多了，便可以磨炼他的坚强意志，而一个从未经历磨炼的人，因为无法适应各种不同的处境，反而很容易丧失生命力。所以“得”往往是“失”的开端，“失”则为“得”埋下了些许伏笔。由此可见，我们一世为人，身在福中，应该知足，却不能常常祈求福上加福。生活中即便有所得，也应该适可而止，不可无厌贪多。这样，当福之所至，不会过于惊喜；当祸之所至，也不致过于慌乱。当我们处在幸福的环境中要有所顾虑，尽量避免招惹灾祸，这样幸福才可保持长久。当我们在生活中获得某些好处，也要考虑到有得必有失，不如把所得的好处留给与他人分享，这样便能常常获得好处，所以有智慧的君子处于安泰的时期不敢忘记危难的存在，在平静的年代里不敢忘记会有动乱发生。

一个人只有心胸足够宽广才能受得起大富大贵，一个人只有足够淡定才能容得下大苦大难。不论是福还是祸，都能装得下，你才能看透福祸之间的必然关联，才能更坦荡、更淡然地不计得失。

第十四章
孤舟蓑笠翁，独钓寒江雪
——以淡泊之怀耐守寂寞

化茧成蝶需要十余天的等待，金榜题名需要十年寒窗苦读，暗香浮动需要冰冻三尺之寒的孕育，而我们通往成功的道路更是需要耐得住寂寞，受得住煎熬，忍得住痛苦。只有忍得住寂寞，用淡泊之心面对寂寞，最终才得见芳华。

——岁月静好，安守寂寞——

也许，很少有人能具体地说清寂寞到底是什么，但它却从来不曾消失过，反而如影随形，存在于每个人的心中。

有时，寂寞是一种考验。是否耐得住寂寞，是对坚守的考验：有的人能够守住精神的底线；有的人却成了道德的叛徒。同时，也是对修炼的考验：有的人面对诱惑能从容镇静，能够参悟人生的真谛；有的人却被生活所控，跌到地狱的深渊。

守得住寂寞不一定都能通向成功，但所有的成功必来自与寂寞奋争的过程。可以说，耐得住寂寞是生命真正成熟的重要标志之一，因为这需要一种对人生高尚的信念、对梦想强烈的追求以及坚韧的持久力和意志力。唯有此，人生终有所成。

李时珍的家族世代从医，世代长者都是远近闻名的“铃医”。李时珍的父亲李言闻是当地的名医。在当时社会中，民间医生的地位很低，李家常受官绅的欺侮。因此，父亲决定让二儿子李时珍读书应考，以便一朝功成，出人头地。

李时珍自小体弱多病，然而性格刚直纯真，对空洞乏味的八股文不屑一顾。自 14 岁中了秀才后，又三次到武昌考举人，均名落孙山。于是，他放弃了科举做官的打算，专心学医，并向父亲表明决心：“身如逆流船，心比铁石坚。望父全儿志，至死不怕难。”

李言闻被儿子的坚诚所打动，终于同意了李时珍的要求，并精心加以辅导。在父亲的启示下，李时珍认识到，“读万卷书”固然重要，但“行万里路”更不可少。于是，他穿上草鞋，背起药筐，在徒弟庞宪、儿子李建元的伴随下远涉深山旷野，足迹遍及河南、河北、江苏、安徽、江西、湖北等广大地区，以及牛首山、摄山（古称摄山，今栖霞山）、茅山、太和山等大山名川。

他深入实地进行调查，遍访名医宿儒。每到一地，他就虚心向各种人物请教，其中不乏有采药的、种田的、捕鱼的、砍柴的、打猎的。其中，连《神农本草经》都说不明白的“芸苔”就是在一位种菜老者的指点下经过察看实物而得知的。芸苔实际上就是油菜，头一年下种，第二年开花，种子可以榨油。于是，这种药物便在他的《本草纲目》中一清二楚地解释出来。

如此种种，李时珍既“搜罗百氏”，又“采访四方”，搜求民间验方，观察并收集药物标本。经过长期的实地调查，他搞清了许多药物存在的疑难问题，终于万历戊寅年（1578 年）完成了《本草纲目》的编写工作，先后历时 27 年。

全书 52 卷，约有 190 万字，载药 1892 种，新增药物 374 种，载方 10000 多个，附图 1000 多幅，成了我国药物学的空前巨著。其中纠正前人错误甚多，在动植物分类学等许多方面有突出成就，并对其他有关学科（生物学、化学、矿物学、地质学、天文学等）也做出不小的贡献。达尔文称赞它是“中国古代的百科全书”。

由此可见，寂寞不是百无聊赖、无所事事，也不是散淡与停滞，更不是所谓的孤独或寂灭。真正的寂寞是一种不凑热闹、不赶时髦、不追风潮的生活境况和生存方式。只有沉得住气的人，才能收获冷静和智慧，不为浮躁世俗所左右，在充足的思考空间中沉淀、积蓄，而后发。

人生不需要急于去发布任何宣言，关键是要诚实而又慷慨地抛洒汗水。特别是在他人与环境对自己尚不理解的情况下尚能保持住一颗沉稳而平和的心，这便是甘于寂寞的超凡风度。“十年寒窗无人问，一举成名天下知。”这句话正是表现了寂寞与成功的关系。大凡最终达到成功彼岸的人，大都因为他们能够在无人问津的寂寞中坚守着自己心中的梦想。

相比于家喻户晓的名作《围城》，钱钟书先生的《管锥编》

似乎并没有引起十分热烈的关注。而更值得我们注意的是，《管锥编》的写作环境正好恰切地反映了钱老为人淡泊、寂寞治学的品格。

《管锥编》是一篇体大思精、享名于世的笔记体学术巨著。在本书中，钱先生对《周易》《毛诗》《左传》《史记》《太平广记》《老子》《列子》《焦氏易林》《楚辞》以及全上古三代、秦汉三国六朝文等古代典籍进行了详尽而缜密的考疏，范围由先秦迄于唐前，涉及音韵、训诂、经义等多门学科。

从1969—1972年，整整三年的时间里，钱钟书老先生不以物喜，不以己悲，在默默无闻的状态下，一字一句地写成了《管锥编》。

万千个普通人，活在人世间没有人保证将来一定会成功，而他们的选择是耐住寂寞。寂寞不是消极厌世、颓唐沮丧，而是对追名逐利、浮躁骄矜的一种睥睨，是对市侩俗气、纸醉金迷的一种鄙视，是在宁静淡泊、耿介拔俗中默默耕耘的一种精神境界。

正因为这样，那些耐得住寂寞的人常有着广阔的心灵世界，有自己理想的绿洲和希冀的花朵，更有一颗赤子之心和乐于奉献的情怀。在寂寞中，他们不但默默耕耘，还凭借一己良知和理性严格地塑造、鞭策并完善自我。如此，人生才不会肤浅，其精彩方才体现。

以洒脱的心态看待挫折

挫折是人生的常态，遭遇挫折不应一味地放大痛苦让其充塞心灵，应学会调适心境，坦然面对。

晚年遭受贬谪的苏轼面对人生的挫折，洒脱地吟出："莫听穿林打叶声，何妨吟啸且徐行。竹杖芒鞋轻胜马，谁怕？一蓑烟雨任平生。"正视挫折、淡化苦痛的平和心境，磨炼了苏轼的豪放词风。实际上，苏轼用象征手法写出了自己在突如其来的政治风雨面前内心的坦荡与气度的从容。

苏轼（1037—1101 年），字子瞻，号"东坡居士"，北宋眉州眉山（今四川眉山）人，是宋代著名的文学家、书画家。他与父亲苏洵、弟弟苏辙皆以文学名世，世称"三苏"，与汉末"三曹"（曹操、曹丕、曹植）齐名；与黄庭坚、米芾、蔡襄被称为最能代表宋代书法成就的书法家，合称为"宋四家"。苏氏四门生为：秦观、黄庭坚、晁补之、张耒。

嘉祐元年（1056 年），虚岁 21 的苏轼首次出川赴京，参加朝廷的科举考试。翌年，他参加了礼部的考试，以一篇《刑赏忠厚之至论》获得主考官欧阳修的赏识，高中进士。

嘉祐六年（1061 年），苏轼应中制科考试，即通常所谓的"三年京察”，入第三等，授大理评事、签书凤翔府判官。后逢其父于汴京病故，丁忧扶丧归里。熙宁二年（1069年）服满还朝，仍授本职。

苏轼几年不在京城，朝廷里已发生了巨大的变化。宋神宗即位后，任用王安石开始变法。苏轼的许多师友，包括当初赏识他的恩师欧阳修在内，因在新法的施行上与新任宰相王安石意见不合，被迫离京。朝野旧友凋零，苏轼眼中所见的已不是他20岁时所见的“平和世界”。

苏轼因在返京的途中见到新法对普通老百姓的伤害，故很不同意宰相王安石的做法，认为新法不能便民，便上书反对。这样做的一个结果，便是像他的那些被迫离京的师友一样不容于朝廷，于是苏轼自求外放，调任杭州通判。

苏轼在杭州待了3年，任满后，被调往密州、徐州、湖州等地，任知州。

这样持续了大概10年，苏轼遇到了生平第一桩祸事。当时有人故意把他的诗句歪曲，大做文章。元丰二年（1079年），苏轼到任湖州还不到3个月，就因为作诗讽刺新法，以“文字毁谤君相”的罪名被捕下狱，史称“乌台诗案”。

苏轼下狱后生死未卜，在等待最后判决的时候，其子苏迈每天去监狱给他送饭。由于父子不能见面，所以早在暗中约好平时只送蔬菜和肉食，如果有死刑判决的坏消息，就改送鱼，以便心里早做准备。

苏轼坐牢103天，几次濒临被砍头的境地。幸亏北宋在太祖赵匡胤年间即定下不杀言官、士大夫的国策，苏轼才算躲过一劫。

出狱以后，苏轼被降职为黄州团练副使（相当于现代民间的自卫队副队长）。这个职位相当低微，而此时苏轼经此一狱，已变得心灰意冷，在办完公事之后便带领家人开垦荒地，种田帮补生计。“东坡居士”的别号便是他在这时为自己起的。

元丰七年（1084年），苏轼离开黄州，奉诏赴汝州就任。由于长途跋涉，旅途劳顿，苏轼的幼儿不幸夭折。汝州路途遥远，且路费已尽，再加上丧子之痛，苏轼便上书朝廷，请求暂时不去汝州，先到常州居住，后被批准。当他准备南返常州时，宋神宗驾崩。

宋哲宗即位，高太后听政，新党势力倒台，司马光重新被起用为相。苏轼于是以礼部郎中被召还朝。在朝半月，升起居舍人，三个月后，升中书舍人，不久又升翰林学士。在此期间，苏轼处在人生的顺境之中，但依然坚持他的淡泊。“人在玉堂深处”时，却怀念黄州东坡雪堂“手种堂前桃李，无限绿阴青子”；他还告诫自己说：“居士，居士，莫忘小桥流水。”元祐六年（1091年）三月，自杭州知州入为翰林学士承旨时作《八声甘州·寄参寥子》词，偏要表白自己：“谁似东坡老，白首忘机。”苏轼的这种在顺境中淡泊自守的品格难能可贵。

俗话说：“京官不好当。”当苏轼看到旧党势力拼命压制王安石集团的人物及尽废新法后，认为其与所谓的“王党”不过一丘之貉，再次向皇帝提出谏议。

苏轼至此是既不能容于新党，又不能见谅于旧党，因而再度自求外调。他以龙图阁学士的身份再次到阔别了16年的杭州当太守。苏轼在杭州进行了一项重大的水利建设，疏浚西湖，用挖出的泥在西湖旁边筑了一道堤坝，这就是著名的“苏堤”。

苏轼在杭州过得很惬意，自比唐代的白居易。但元祐六年，他又被召回朝。但不久又因为政见不合，被外放颍州。

元祐八年新党再度执政，他以“讥刺先朝”的罪名被贬为惠州安置，再贬为儋州（今海南省儋县）别驾、昌化军安置。徽宗即位，他被调廉州安置、舒州团练副使、永州安置。元符三年（1100年）大赦，复任朝奉郎，北归途中，卒于常州，谥号文忠，享年66岁。

的确，苏轼的一生曾有人用“霉”字以蔽之，甚至上升到风水上面，说他是“生在眉山，倒了霉运”。苏轼是一个做过大官的文学天才，而且在北宋无人不知，无人不晓，一贬再贬的仕途怎一个“霉”字可以概括。但苏轼之所以是苏轼，不仅在于他有“大江东去浪淘尽”的豪放，更重要的还在于他有“一蓑烟雨任平生”的洒脱。虽然被贬官，写出来的词却极少有幽怨之作，依然是那么的豪气冲天，对待生活还是那么积极，这也看出他人生境界的高远。

冰雪藏梅梅自香

人类的卓越成就离不开孤独和寂寞的淬炼。即使是平凡的你，只要能够耐得住寂寞，在寂寞中不断地奋斗，终有一天，你也会发出属于自己的光芒。

因为出生时恰逢八年抗战胜利之时，所以父亲就给他取名凌解放，谐音“临解放”，寓意期盼全国能够早日解放。果然，没几年全国就迎来了期盼已久的解放。全国是解放了，可是凌解放的父亲和老师们可伤透了脑筋。凌解放贪玩不爱学习，成绩太差，从小学到中学不断留级，一直到他21岁大龄的时候才勉强高中毕业。

高中毕业后，凌解放参军入伍，成为一名支援国家建设的工程兵，驻守在山西。那个时候，他的工作就是头上戴着矿工帽，脚上穿着长筒水靴，腰里再系一根绳子，每天下到数百米深的井下去挖煤。凌解放每天在矿井里摸爬滚打，抬头不见天日，只能和老鼠做伴，他忽然感到一种前所未有的悲凉。

他不甘心就这样稀里糊涂过一辈子，每天浑浑噩噩，于是在每次收工后，他就一头扎进团部图书馆学习文化。刚开始不知道怎么学，他就一本一本地仔细阅读，就连晦涩难懂的大词典《辞海》都从头到尾啃了一遍。其实，关于自己将来想做什么、要做什么，他自己也不明白，他只是明白如果自己现在不努力学习，将来一定会后悔。只要自己肯下功夫、努力学习，就一定可以为自己找到一条成功的道路，改变自己的一生，否则这辈子难有出头之日。

就是靠着这样的毅力，他独自一人度过了无数个不眠之夜，硬是坚持了下来。看的书多了之后，他发现自己十分喜欢与古文有关的文献和书籍，于是他就想方设法为自己找一些这方面的书籍阅读。

有一次，他无意间发现在部队驻地附近有很多古老的破庙残碑，上面有很多文字。于是，他就利用休息时间把篆刻在碑文上的古文全部抄写下来，然后带回去潜心钻研。要知道，这些碑文上篆刻的文字既无标点符号也没有注释，而且在书本上没有任何记载，要想理解其含义必须全凭他自己下苦功夫仔细琢磨才行。就这样，利用仅有的几本词典，他硬是将所有石碑上篆刻的古文全部都吃透了，在不知不觉中打下了扎实的古文学基础，即使像《古文观止》一类的古文献，他读起来也十分轻松。等他从部队里退伍时，他已经将团部图书馆的书全部读完了，这种学习为他日后的文学事业打下了坚实基础。

转业到地方后，他没有懈怠，依然保持在部队时的刻苦好学，特别是对古文献的阅读面开始不断扩展。由于他对《红楼梦》有很深的研究，而且见解独到，古文学功底深厚，因此被吸收为全国红学会会员。1982 年，他曾受邀参加了一次“红学”研讨会。

在研讨会上，各地的红学专家们从《红楼梦》谈到作者曹雪芹，又谈到曹雪芹的祖父曹寅，进而再聊到康熙皇帝的生平事迹。这时有很多红学专家感叹，在国内还没有一本专门详细介绍康熙皇帝生平的文学作品，实在是太遗憾了。这时，凌解放的脑海中突然间冒出“既然还没有人写，那我就写一本吧”的念头。

因为有着在部队自学时所打下的扎实的古文功底，所以在阅读关于康熙皇帝第一手史学资料时，他几乎没费吹灰之力。经过几年的研究和不间断地努力写作，在1986年，凌解放以“二月河”的笔名出版了自己的第一部长篇小说——《康熙大帝》。从此，他心中的创作热情被彻底激发，就如同是迎春解冻的二月河，将他的人生谱写成一条激情澎湃、奔流不息的河流。

在人生的低谷中，保持一份孤独和寂寞就是在默默地为自己存储力量，在深渊中的潜龙必定是孤独寂寞的，只有这样才能渐渐地壮大自己。低谷中的寂寞是一种坚持、一种信念、一种暗藏的蓬勃向上的潜力。

忍住寂寞，才能破茧成蝶

不被理解是每个时代的天才所共有的命运，就像蝴蝶蛹总是被虫蚁嘲笑一样。但是没有必要为此而悲伤失望，更无须反驳辩解，因为时间会证明一切，当这段寂寞孤独的时光走过，拂去尘埃的金子总会发出耀眼的光芒。

惠特曼被喻为美国最伟大的田园诗人，他的第一本诗集《草叶集》在世界各地都有译本，畅销不衰。但在最初时却没一个出版商愿意发行这本书。

1854 年，惠特曼从事新闻记者工作，并兼职在印刷厂上班。当《草叶集》完成时，他询问了许多的出版商，但他们都表示毫无兴趣。他只好请求印刷界的朋友帮助，好不容易才出版了薄薄的一本小书。

没有人对这本好不容易出版的《草叶集》感兴趣，赠送出去的数量远远大于销售的数量，惠特曼甚至有些夸张地说："一本也没有卖出去。"还有一位文学编年史家把这本书的销售状况描述为美国文学史上最大的失败，可想而知其凄惨的情形。

不单是销售失败，一些文学评论家对《草叶集》的负面评论也很多。但是，这些挫折与打击都没有击倒惠特曼，他仍坚守着热爱自由、赞美大自然的本性。他的这些不妥协的作品慢慢成为文学精英人士谈论的话题，也使得初版时赠阅出去的《草叶集》不断流传。

1860 年，波士顿一家出版社写信给惠特曼，希望出版他的诗集，因此，增加了许多新作的《草叶集》出版了。这次的销售情况比以前好多了，几年后，各种不同版本的《草叶集》被不断地出版发行，销售也越来越好，人们逐渐理解了惠特曼在诗中所要表达的情感，越来越多的人开始喜欢惠特曼的诗。

由此我们明白，要永远对自己抱有信心，并且不因别人的曲解和非难而改变自己的初衷，坚持自己的梦想，并努力把它变成现实。要始终信任自己、接纳自己，如此，最终别人也一定会接纳你、欣赏你。是金子，无论它被藏到泥土里有多久，迟早会被发现，并最终发出闪耀的光芒。

在未被理解之时，我们要学会忍耐，要不断地鼓励自己，别太在意别人的嘲笑，要能够抵抗挫折，不轻易承认失败。在困难的时候再努力挺一挺，再坚持一下……

野百合照样吐露芬芳

很多时候，我们都忘记了缅怀人生路上的一些遗憾，沧海桑田，许多人已经变得世故麻木，忘记了曾经拥有过却不曾珍惜过的往事。想起那部让人又笑又哭的经典电影《大话西游》，希望那滴珍藏在我们心中已经很久的眼泪会在某一个瞬间涌出来，我们麻木的心或许从此会多了那么一份对人生的感悟。

某位名人说过："我以为爱情可以克服一切，谁知道她有时毫无力量。我以为爱情可以填满人生的遗憾，然而，制造更多遗憾的却偏偏是爱情。阴晴圆缺，在一段爱情中不断亶演。换一个人，都不会天色常蓝。”

17岁是情窦初开的年纪，也是充满无限憧憬与期待的年纪。17岁那年的雨季，他被家里安排到一个边远的省份上高中，不过，他待在那里的时间也不过只有一年。

边远的小城孤寂而又荒凉，让他产生了与世隔绝的感觉。和偌大的北京城相比，这里的一切自然显得很土气，甚至连人们说话的口音都那么难听，举止又粗鲁。可他从来没有察觉，他清秀的外表和标准的普通话从他报到的那天起，就一直吸引着一个女孩。

女孩是当地的，脸色黑里透着红，健康而又美丽，常常带着羞涩的笑容。每次她见到他时，总是低着头，飞快地避开他的目光。他很得意地拥有着女孩这样青涩的喜欢，毕竟他有着一颗年少的虚荣心。

他学习比她好，况且来自北京，他把高考的目标定为北大。不论是从哪方面来看，他都不会把这样一个平凡的女孩子放在眼里。

一天，他闻到书桌有淡淡的香气散发出来，急忙打开书桌一看，发现语文书里夹着一朵花。他不清楚花的名字，只是看到它是白色的，散发着淡淡的清香。想了一会儿，他才明白过来这花是谁送的。

再见到她时，他拦住了她。她的心一下子跳到了嗓子眼，甚至连呼吸都屏住了。他得意地看着她，居高临下地问她：“能告诉我你送的是什么花吗？”

“野百合。”她低着头，紧张又害羞地摆弄着衣角。

“对不起，请你以后不要送我这种花了，因为我不喜欢。”说完，他头也不回地走掉了。

站在原地的她泪如雨下。她没有要求他做什么，她只是想在这如花的季节里和他一起度过高考来临的那段时光。

高考很快就结束了，他没有考上北大，最终还是回了北京，而她则名落孙山。

从那以后，他再也没有听到过她的任何消息，也没有往心里去。她在他心中原本就只是一丝涟漪，风停了，涟漪也就散了。那朵他从没正眼看过的“野百合”，应该早就在家乡结婚生子了吧。

数年以后，他来到一家合资企业应聘，却蓦然发现她在台上笑靥如花，美丽得如同一只天鹅。他一开始以为是与她长相类似的人，看到名字后，才发现果然是她，她面前的牌子上面写着：人力资源部经理。

他惊呆了，她，一个没有上过大学的平庸女孩怎么会来北京？而且成到了大公司的高层管理人员呢？

她也看到了他，招聘会结束时，他再次拦住她问：“真的是你吗？”

她笑得像一朵百合，云淡风轻地说：“自从认识你以后，我才明白一件事，一朵花要找到属于自己的春天才能被别人注意到。那年高考结束后，我选择了复读，然后考上了北京的一所大学，直到念完研究生。”

他心里顿时生出了或多或少的悔意，但是一切已经回不到从前。俗话说得好：30年河东，30年河西。她不再是那个等待他定夺的黑黑傻傻的小女孩了，而是他等待她定夺的一个美丽的女主管。

谈话间，有一辆很气派的奔驰车开了过来，开车的男子为她打开了车门，她赶忙跟他说了两句告别的话就上车走了。不久，他收到了该公司的聘请通知，但是为了自己的自尊和面子，他没有去上班。

野百合也有春天，只可惜有人错过了。世上没有后悔药可买，也少有第二次选择的机会。珍惜眼前拥有的日子，等到某一天回忆起来，就会发现一片美丽的春天。

如果你能拥有一颗平常心，那么一年四季时时都是好时节。所谓平常心，就是遇成败不骄不躁、遇不平不愠不恼，凡事不生气、不抱怨、不忧虑、不冲动、不纠结。做到了以上这些，你便能心平如水，达到一个非凡的境界。

在平凡中闪光

西方有位哲人在总结自己一生时说过这样的话：“在我整整75年的生命中，我没有过过四个星期以上真正的安宁日子。这一生是一块必须时常推上去又不断滚下来的岩石。”所以，追求宁静或者是追求寂寞对许多人来说成了一个梦想。由此看来，寂寞并不是每个人都能享受的。

可是，现实生活中，许多人害怕寂寞，时时借热闹来躲避寂寞，麻痹自己。滚滚红尘中，已经很少有人能够固守一方清静，独享一分寂寞了，更多的人脚步匆匆，奔向人声鼎沸的地方。殊不知，热闹之后的寂寞更加寂寞。我辈如能在热闹中独饮那杯寂寞的清茶，也不失为人生的另类选择。

寂寞是心灵的避难所，会给你足够的时间去舔拭伤口，重新以明朗的笑容直面人生。对未来进行抗争的人，才会有面对寂寞的勇气；在昔日拥有辉煌的人，才有不甘寂寞的感受。为了收获而不惜辛勤耕耘流血流汗的人，才有资格和能力享受寂寞。

寂寞是一种难得的感受，只有在拥有寂寞时，你才能静下心来悉心梳理自己烦乱的思绪；只有在拥有寂寞时，你才能让自己成熟。不在寂寞中升华，就在寂寞中死去。

许多人把失意、伤感、无为、消极等与寂寞连在一起，认为将自己封闭起来就是寂寞，其实这是一种误解。倘使这样去生活，不仅限制生命的成长，还会与现实产生隔阂，这样的人只能逃避生活。而懂得了寂寞，便能从容地面对阳光，将自己化作一杯清茗，在轻啜深酌中渐渐明白，不是所有的生长都成熟，不是所有的欢歌都是幸福，不是所有的故事都会真实，有时，平淡是穿越灿烂而抵达美丽的一种高度、一种境界。

当寂寞来临时，轻轻合上门窗，隔去外面喧嚣的世界，默默独坐灯下，平静地等待身体与心灵的一致，让自己从悲观交集中净化思想。这样，被一度驱远的宁静会重新回归。你静静地用自己的理解去解读人世间风起云涌的内容，思考人生历程中的痛苦和欢悦。当你真实乍窥了人生的丰富与美好，生命的宏伟和阔大，让身心平直地立在生活的急流中，不因贪图而倾斜，不因喜乐而忘形，不因危难而逃避，你就读懂了寂寞，理解了寂寞。于是，寂寞不再是寂寞，寂寞成了一首诗，成了一道风景，成了一曲美妙的音乐。于是寂寞成了享受，使我们终于获得了人生的宁静。这是寂寞的净化，它让人感动，让人真实而又美丽。

寂寞是一种心境，氤氲出一种清幽与秀逸，冉冉上升的思绪逃离城市的喧嚣，获得心灵的愉悦、理性的沉思，与潜藏灵魂深层的思想交流，找到某种攀升的信念，去换取内心的宁静、博大致远的境界。

乐在独处

在很多人的想象中，喜欢独处的人一定是一个孤傲的或者是漠然的人。殊不知，没有一份执著，没有一份坚韧，没有一份平和，是无法承受那样的寂寥落寞的。独处的人，仿佛就是清晨静静开放的白色曼佗罗，傲然孑立。

几乎每个人总是对独处怀着天生的恐惧，几乎都是哪里人多，就往哪里挤。偶然的独处，也是在被挤得喘不过气来之后，所做出的暂时躲避。他们会听着音乐，喝着红酒，想着自己的恋人，过足一番小资的瘾。但不用多长时间，他们又将回到人群中，回到他们固有的生活模式上去，因为他们无法忍受长时间独处的清淡和寂寞。

欣赏自己，肯定自己，从容而自信，不正是健康积极的心态吗？如果我们成功，我们要为自己喝彩；如果我们经历了挫折，我们要为自己鼓劲。每度过一段时间，每经历一些事情，我们都要重新审视和反省自己，并找到让自我重新坚强起来的理由。这个世界的任何异样目光对我们来说并不重要，他人的褒贬评价也不能左右我们的思想，即使是前进路上风雪交加，跋山涉水，我们也慨然前行。

尘世间的人有许多种，美的形式也是千姿百态，但只有适合自己的才是最好的。既然独处，就要面对；既然享受清雅和自由，就要承受孤独和寂寞。一曲音乐，一段文字，一份心绪，抑或是淅淅沥沥的雨声，都能让我们感动。人们总是渴望不断的征服，征服某个人，征服某件事，甚至征服整个世界。为什么就不能用自己的心，去感动一些人，感动一些事，感动整个世界呢？假若说有一天，有一双征服的眼睛挑战着我们，那我们一定会告诉对方：“你别企图征服我，只要让我们感动，就已经打开了我们的心扉。”